网络安全技术丛书

数字化系统
安全加固技术

白婧婧　田康　李博　高尉峰　朱康

著

SYSTEM SAFETY

人民邮电出版社

北京

图书在版编目（CIP）数据

数字化系统安全加固技术 / 白婧婧等著. -- 北京 :
人民邮电出版社, 2024.10
（网络安全技术丛书）
ISBN 978-7-115-62867-1

Ⅰ. ①数… Ⅱ. ①白… Ⅲ. ①计算机网络－网络安全
Ⅳ. ①TP393.08

中国国家版本馆CIP数据核字(2023)第192624号

内 容 提 要

安全加固是配置信息系统的过程，它可以降低信息系统安全风险。本书系统介绍操作系统、数据库、中间件、容器四大板块的相关安全配置，通过强化账号安全、加固服务、修改安全配置、优化访问控制策略、增加安全机制等方法，从风险分析、加固详情、加固步骤 3 个维度讲解每条安全配置项，有助于读者充分了解每条安全配置项潜在的风险及如何进行加固，并在功能性与安全性之间寻求平衡，合理加强安全性。

本书适用于指导产品研发人员研制默认配置安全的产品，规范技术人员在各类系统上的日常操作，让运维人员获得检查默认安全风险的标准，避免人为因素的失误带来的安全风险。

◆ 著　　　白婧婧　田　康　李　博　高尉峰　朱　康
责任编辑　郭　媛
责任印制　王　郁　焦志炜

◆ 人民邮电出版社出版发行　　北京市丰台区成寿寺路 11 号
邮编　100164　　电子邮件　315@ptpress.com.cn
网址　https://www.ptpress.com.cn
三河市君旺印务有限公司印刷

◆ 开本：800×1000　1/16
印张：14.75　　　　2024 年 10 月第 1 版
字数：311 千字　　　2024 年 10 月河北第 1 次印刷

定价：59.80 元

读者服务热线：(010)81055410　印装质量热线：(010)81055316
反盗版热线：(010)81055315
广告经营许可证：京东市监广登字 20170147 号

前言

随着数字化建设的发展，IT 设备种类和数据量不断增加，其安全管理问题日渐突出。为了维护信息系统的安全并方便管理，必须从入网测试、工程验收和运行运维等设备全生命周期的各个阶段落实安全要求，同时需要设立满足系统安全要求的安全基准点。人为疏忽引发的系统安全配置不当，如账号、密码、授权、日志、IP 通信等方面的配置不当，直接反映了系统自身的安全脆弱性。系统安全配置不当会带来重大安全隐患，是攻击者攻击得手的关键因素，因此提前对系统进行安全加固和优化是实现数字化系统安全的关键。

现如今，数字化系统不断融入大数据、云计算、人工智能等技术，数字化建设的前提，就是开发基于互联网的应用系统，打造高速网络和建设安全的网络环境。针对数字化系统，本书提供了安全基准点，并制定了相关的安全加固技术指南，主要内容围绕数字化系统的安全加固技术展开讲述。其中，操作系统、数据库、中间件、容器等作为构成数字化系统的必备技术，其底层技术的安全性直接影响到整个数字化系统的安全性。

安全加固对于数字化系统意义重大，如下所述。

- 通过最佳实践增强系统功能，减少程序和不必要端点的漏洞，减少操作问题和不兼容的地方，降低错误配置的风险并减少“摩擦”或“阻力”。
- 通过缩小攻击面来提高安全等级，降低数据泄露、恶意软件、未经授权的账户访问及其他恶意活动的风险。
- 降低环境复杂性，简化合规与审计，消除冗余或不必要的系统、账户和程序，从而获得更稳定的配置和更透明的环境。

笔者在研究和数字化系统业务安全相关的基准安全标准体系基础上，充分考虑行业现状和行业最佳实践，继承、吸收网络安全等级保护和风险评估的经验成果，提炼完善的安全配置检查及加固项，最终完成本书。

读者朋友在阅读本书前，需要完成几项任务。首先，我们需要对数字化系统和安全有基本的理解。其次，我们需要对数字化系统的构成要素有初步的认识，如操作系统、数据库、中间件和容器等。本书的各篇章是独立的，这就意味着读者可以有针对性地去获取需要的信息。相信认真读完本书后，您会发现本书带给自己的不仅仅是安全加固技术水平的提升，更是对数字化系统的深入理解。期待本书能够引导读者发现数字化系统内的漏洞，提高运行运维的工作质量，进而实现数字化系统安全系数的整体提升，避免出现安全事件造成的经济、社会形象损失，切实提高数字化系统的安全防护水平。

作者

资源与支持

本书由异步社区出品，社区（https://www.epubit.com）为您提供相关资源和后续服务。

配套资源

本书提供如下资源。

- 思维导图。

要获得以上配套资源，您可以扫描右侧的二维码，根据指引领取。

您也可以在异步社区本书页面中单击 配套资源 ，跳转到下载界面，按提示进行操作。注意：为保证购书读者的权益，该操作会给出相关提示，要求输入提取码进行验证。

如果您是用书教师，希望获得教学配套资源，请在异步社区本书页面中直接联系本书的责任编辑。

提交勘误

作者和编辑尽最大努力确保书中内容的准确性，但难免会存在疏漏。欢迎您将发现的问题反馈给我们，帮助我们提升图书的质量。

当您发现错误时，请登录异步社区，按书名搜索，进入本书页面，单击“发表勘误”，输入勘误信息，单击“提交勘误”按钮（见下图）即可。本书的作者和编辑会对您提交的勘误进行审核，确认并接受后，您将获赠异步社区的 100 积分。积分可用于在异步社区兑换优惠券、样书或其他奖品。

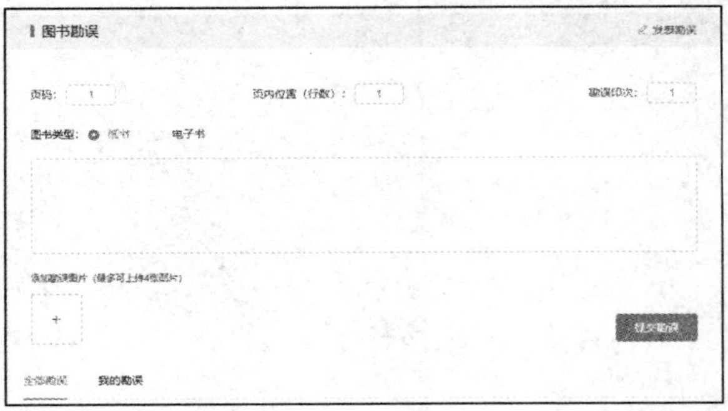

与我们联系

我们的联系邮箱是 contact@epubit.com.cn。

如果您对本书有任何疑问或建议，请您发邮件给我们，并请在邮件标题中注明本书书名，以便我们更高效地做出反馈。

如果您有兴趣出版图书、录制教学视频，或者参与图书翻译、技术审校等工作，可以发邮件给我们；有意出版图书的作者也可以到异步社区在线投稿（直接访问 www.epubit.com/selfpublish/submission 即可）。

如果您是学校、培训机构或企业，想批量购买本书或异步社区出版的其他图书，也可以发邮件给我们。

如果您在网上发现有针对异步社区出品图书的各种形式的盗版行为，包括对图书全部或部分内容的非授权传播，请您将怀疑有侵权行为的链接通过邮件发给我们。您的这一举动是对作者权益的保护，也是我们持续为您提供有价值的内容的动力之源。

关于异步社区和异步图书

“异步社区”是由人民邮电出版社创办的 IT 专业图书社区。异步社区于 2015 年 8 月上线运营，致力于优质学习内容的出版和分享，为读者提供优质学习内容，为作译者提供优质出版服务，实现作译者与读者的在线交流互动，实现传统出版与数字出版的融合发展。

“异步图书”是由异步社区编辑团队策划出版的精品 IT 专业图书的品牌，依托于人民邮电出版社计算机图书出版经验积累和专业编辑团队，相关图书在封面上印有异步图书的 LOGO。异步图书的出版领域包括软件开发、大数据、AI、测试、前端、网络技术等。

目录

第1篇　操作系统安全

第1章　Linux ……………………………… 3

1.1　账号安全 …………………………… 3
1.1.1　控制可登录账号 …………… 3
1.1.2　禁止 root 用户登录 ………… 3
1.1.3　禁用非活动用户 …………… 4
1.1.4　确保 root 用户的 GID 为 0 … 4
1.1.5　确保仅 root 用户的 UID 为 0 ……………………………… 4
1.2　密码安全 …………………………… 5
1.2.1　设置密码生存期 …………… 5
1.2.2　设置密码复杂度 …………… 5
1.2.3　确保加密算法为 SHA-512 … 6
1.2.4　确保/etc/shadow 密码字段不为空 ……………………………… 6
1.3　登录、认证鉴权 ………………… 7
1.3.1　配置 SSH 服务 …………… 7
1.3.2　设置登录超时时间 ………… 9
1.3.3　设置密码锁定策略 ………… 10
1.3.4　禁止匿名用户登录系统 … 10
1.3.5　禁用不安全服务 …………… 10
1.3.6　禁用不安全的客户端 …… 11
1.3.7　配置/etc/crontab 文件权限 … 12
1.3.8　确保登录警告配置正确 … 12
1.4　日志审计 ………………………… 13
1.4.1　配置 auditd 服务 ………… 13
1.4.2　配置 rsyslog 服务 ………… 15
1.4.3　配置 journald 服务 ……… 15
1.4.4　配置日志文件最小权限 … 16
1.5　安全配置 ………………………… 16
1.5.1　限制可查看历史命令条数 … 16
1.5.2　确保日志文件不会被删除 … 17
1.5.3　iptables 配置 ……………… 17
1.5.4　配置系统时间同步 ……… 18
1.5.5　限制 umask 值 …………… 20
1.5.6　限制 su 命令的访问 ……… 20
1.5.7　SELinux 配置 …………… 20
1.5.8　系统文件权限配置 ……… 21
1.6　安全启动 ………………………… 22
1.6.1　设置引导加载程序密码 … 22
1.6.2　配置引导加载程序权限 … 23
1.6.3　配置单用户模式需要身份验证 ……………………………… 23
1.7　安全编译 ………………………… 23
1.7.1　限制堆芯转储 …………… 23
1.7.2　启用 XD/NX 支持 ………… 24
1.7.3　启用地址空间布局随机化 ……………………………… 24
1.7.4　禁止安装 prelink ………… 25
1.8　主机和路由器系统配置 ……… 25
1.8.1　禁止接收源路由数据包 … 25
1.8.2　禁止数据包转发 ………… 26
1.8.3　关闭 ICMP 重定向 ……… 26
1.8.4　关闭安全 ICMP 重定向 … 27

1.8.5 记录可疑数据包……27
1.8.6 忽略广播 ICMP 请求……28
1.8.7 忽略虚假 ICMP 响应……28
1.8.8 启用反向路径转发……28
1.8.9 启用 TCP SYN Cookie……29
1.8.10 禁止接收 IPv6 路由器广告……29

第2章 Windows……30

2.1 账户安全……30
2.1.1 禁用 Guest 账户……30
2.1.2 禁用管理员账户……31
2.1.3 删除无用账户……31
2.1.4 不显示上次登录的用户名……32
2.1.5 禁止空密码登录系统……33
2.1.6 重命名来宾和管理员账户……33
2.1.7 确保“账户锁定时间”设置为“15”或更大的值……34
2.1.8 确保“账户锁定阈值”设置为“5”或更小的值……34
2.1.9 确保“计算机账户锁定阈值”设置为“10”或更小的值……35
2.1.10 确保“重置账户锁定计数器”设置为“15”或更大的值……35
2.1.11 密码过期之前提醒用户更改密码……36
2.2 密码策略……36
2.2.1 启用密码复杂度相关策略……36
2.2.2 确保“强制密码历史”设置为“24”或更大的值……37
2.2.3 设置密码使用期限……37
2.2.4 设置最小密码长度……38
2.3 认证授权……38
2.3.1 拒绝 Guest、本地账户从网络访问此计算机……38
2.3.2 拒绝 Guest、本地账户通过远程桌面服务登录……39
2.3.3 配置远程强制关机权限……39
2.3.4 限制可本地关机的用户……40
2.3.5 授权可登录的账户……40
2.3.6 分配用户权限……41
2.3.7 控制备份文件和目录权限……42
2.3.8 控制还原文件和目录权限……42
2.3.9 控制管理审核和安全日志权限……43
2.3.10 控制身份验证后模拟客户端权限……43
2.3.11 控制拒绝以服务身份登录权限……44
2.4 日志审计……44
2.4.1 设置日志存储文件大小……45
2.4.2 配置审核策略……45
2.5 系统配置……46
2.5.1 设置屏幕保护程序……46
2.5.2 安全登录……46
2.5.3 限制匿名枚举……47
2.5.4 禁止存储网络身份验证的密码和凭据……48
2.5.5 使用 DoH……48
2.5.6 设置域成员策略……49
2.5.7 控制从网络访问编辑注册表的权限……50
2.5.8 控制共享文件夹访问权限……51
2.5.9 关闭 Windows 自动播放功能……52
2.5.10 限制为进程调整内存配额权限用户……52
2.5.11 配置修改固件环境值权限……53

2.5.12 配置加载和卸载设备驱动程序权限……54
2.5.13 配置更改系统时间权限……54
2.5.14 配置更改时区权限……55
2.5.15 配置获取同一会话中另一个用户的模拟令牌权限……55
2.5.16 阻止计算机加入家庭组……56
2.5.17 阻止用户和应用程序访问危险网站……56
2.5.18 扫描所有下载文件和附件……57
2.5.19 开启实时保护……58
2.5.20 开启行为监视……58
2.5.21 扫描可移动驱动器……59
2.5.22 开启自动下载和安装更新……59
2.5.23 防止绕过 Windows Defender SmartScreen……59
2.6 网络安全……60
2.6.1 LAN 管理器配置……60
2.6.2 设置基于 NTML SSP 的客户端和服务器的最小会话安全策略……60
2.6.3 设置 LDAP 客户端签名……61
2.6.4 登录时间到期时强制注销……61
2.6.5 禁止 LocalSystem NULL 会话回退……61
2.6.6 禁止 PKU2U 身份验证请求使用联机标识……61
2.6.7 配置 Kerberos 允许的加密类型……62
2.6.8 允许本地系统将计算机标识用于 NTLM……62
2.7 本地安全策略……63
2.7.1 设置提高计划优先级权限……63
2.7.2 设置创建符号链接权限……63
2.7.3 设置调试程序权限……64
2.7.4 设置文件单一进程和系统性能权限……64
2.7.5 设置创建永久共享对象权限……65
2.7.6 设置创建全局对象权限……65
2.7.7 设置创建一个令牌对象权限……66
2.7.8 设置执行卷维护任务权限……67
2.7.9 设置拒绝作为批处理作业登录权限……67
2.7.10 设置替换一个进程级令牌权限……68
2.7.11 Microsoft 网络客户端安全配置……68
2.7.12 Microsoft 网络服务器安全配置……69
2.7.13 禁止将 Everyone 权限应用于匿名用户……70
2.7.14 禁止设置匿名用户可以访问的网络共享……71
2.7.15 控制应用程序安装……71
2.7.16 禁用 sshd 服务……72
2.7.17 禁用 FTP 服务……72
2.7.18 配置高级审核策略……72
2.7.19 禁止在 DNS 域网络上安装和配置网桥……74
2.7.20 禁止在 DNS 域网络上使用 Internet 连接共享……74
2.8 Windows Defender 防火墙……75

2.8.1 开启 Windows Defender 防病毒功能……75
2.8.2 开启防火墙……76
2.8.3 配置入站和出站连接……77
2.8.4 配置日志文件……77

第2篇 数据库安全

第3章 MySQL……81

3.1 宿主机安全配置……81
3.1.1 数据库工作目录和数据目录存放在专用磁盘分区……81
3.1.2 使用 MySQL 专用账号启动进程……81
3.1.3 禁用 MySQL 历史命令记录……82
3.1.4 禁止 MYSQL_PWD 的使用……82
3.1.5 禁止 MySQL 运行账号登录系统……83
3.1.6 禁止 MySQL 使用默认端口……83
3.2 备份与容灾……83
3.2.1 制定数据库备份策略……83
3.2.2 使用专用存储设备存放备份数据……84
3.2.3 部署数据库应多主多从……84
3.3 账号与密码安全……84
3.3.1 设置密码生存周期……84
3.3.2 设置密码复杂度……85
3.3.3 确保不存在空密码账号……86
3.3.4 确保不存在无用账号……86
3.3.5 修改默认管理员账号名为非 root 用户……86
3.4 身份认证连接与会话超时限制……87
3.4.1 检查数据库是否设置连接尝试次数……87
3.4.2 检查是否限制连接地址与设备……88
3.4.3 限制单个用户的连接数……88
3.4.4 确保 have_ssl 设置为 yes……88
3.4.5 确保使用高强度加密套件……89
3.4.6 确保加解密函数配置高级加密算法……89
3.4.7 确保使用新版本 TLS 协议……89
3.5 数据库文件目录权限……90
3.5.1 配置文件及目录权限最小化……90
3.5.2 备份数据权限最小化……90
3.5.3 二进制日志权限最小化……90
3.5.4 错误日志权限最小化……91
3.5.5 慢查询日志权限最小化……91
3.5.6 中继日志权限最小化……91
3.5.7 限制日志权限最小化……91
3.5.8 插件目录权限最小化……92
3.5.9 密钥证书文件权限最小化……92
3.6 日志与审计……92
3.6.1 配置错误日志……92
3.6.2 确保 log-raw 设置为 off……93
3.6.3 配置 log_error_verbosity……93
3.7 用户权限控制……93
3.7.1 确保仅管理员账号可访问所有数据库……93
3.7.2 确保 file 不授予非管理员账号……94

3.7.3 确保 process 不授予非管理员账号 ……94
3.7.4 确保 super 不授予非管理员账号 ……94
3.7.5 确保 shutdown 不授予非管理员账号 ……95
3.7.6 确保 create user 不授予非管理员账号 ……95
3.7.7 确保 grant option 不授予非管理员账号 ……95
3.7.8 确保 replication slave 不授予非管理员账号 ……95
3.8 基本安全配置 ……96
3.8.1 确保安装最新补丁 ……96
3.8.2 删除默认安装的测试数据库 test ……96
3.8.3 确保 allow-suspicious-udfs 配置为 false ……96
3.8.4 local_infile 参数设定 ……97
3.8.5 skip-grant-tables 参数设定 ……97
3.8.6 daemon_memcached 参数设定 ……97
3.8.7 secure_file_priv 参数设定 ……98
3.8.8 sql_mode 参数设定 ……98

第 4 章 PostgreSQL ……99

4.1 目录文件权限 ……99
4.1.1 确保配置文件及目录权限合理 ……99
4.1.2 备份数据权限最小化 ……99
4.1.3 日志文件权限最小化 ……100
4.2 日志与审计 ……100
4.2.1 确保已开启日志记录 ……100
4.2.2 确保已配置日志生命周期 ……101
4.2.3 确保已配置日志转储大小 ……101
4.2.4 确保配置日志记录内容完整 ……101
4.2.5 确保正确配置 log_destinations ……102
4.2.6 确保已配置 log_truncate_on_rotation ……102
4.2.7 正确配置 syslog_facility ……103
4.2.8 正确配置 syslog_sequence_numbers ……103
4.2.9 正确配置 syslog_split_messages ……103
4.2.10 正确配置 syslog_ident ……103
4.2.11 正确配置 log_min_messages ……104
4.2.12 正确配置 log_min_error_statement ……104
4.2.13 确保禁用 debug_print_parse ……104
4.2.14 确保禁用 debug_print_rewritten ……104
4.2.15 确保禁用 debug_print_plan ……105
4.2.16 确保启用 debug_pretty_print ……105
4.2.17 确保启用 log_connections ……105
4.2.18 确保启用 log_disconnections ……105
4.2.19 正确配置 log_error_verbosity ……106
4.2.20 正确配置 log_hostname ……106
4.2.21 正确配置 log_statement ……106
4.2.22 正确配置 log_timezone ……107

4.3 账号与密码安全 107
4.3.1 设置密码复杂度 107
4.3.2 设置密码生存周期 107
4.4 身份认证连接与会话超时限制 108
4.4.1 检查数据库是否设置连接尝试次数 108
4.4.2 检查是否限制连接地址与设备 108
4.4.3 限制单个用户的连接数 108
4.4.4 设置登录校验密码 109
4.5 备份与容灾 109
4.5.1 制定数据库备份策略 109
4.5.2 部署数据库应多主多从 110
4.6 用户权限控制 110
4.7 安装和升级安全配置 110
4.7.1 确保安装包来源可靠 110
4.7.2 确保正确配置服务运行级别 110
4.7.3 配置数据库运行账号文件掩码 111

第5章 Redis 112

5.1 身份认证连接 112
5.1.1 限制客户端认证超时时间 112
5.1.2 检查数据库是否设置连接尝试次数 112
5.1.3 配置账号锁定时间 113
5.2 账号密码认证 113
5.3 目录文件权限 113
5.3.1 确保配置文件及目录权限合理 113
5.3.2 备份数据权限最小化 113
5.3.3 日志文件权限最小化 114
5.4 备份与容灾 114
5.4.1 制定数据库备份策略 114
5.4.2 部署数据库应多主多从 114
5.5 安装与升级 115
5.5.1 确保使用最新安装补丁 115
5.5.2 使用 Redis 专用账号启动进程 115
5.5.3 禁止 Redis 运行账号登录系统 116
5.5.4 禁止 Redis 使用默认端口 116

第6章 MongoDB 117

6.1 安装和补丁 117
6.1.1 确保使用最新版本数据库 117
6.1.2 使用 MongoDB 专用账号启动进程 117
6.1.3 确保 MongoDB 未使用默认端口 118
6.1.4 禁止 MongoDB 运行账号登录系统 118
6.2 身份认证 119
6.2.1 确保启用身份认证 119
6.2.2 确保本机登录进行身份认证 119
6.2.3 检查是否限制连接地址与设备 119
6.2.4 确保在集群环境中启用身份认证 120
6.3 备份与容灾 120
6.3.1 制定数据库备份策略 120
6.3.2 部署数据库应多主多从 121
6.4 日志与审计 121
6.4.1 确保日志记录内容完整 121
6.4.2 确保添加新日志采用追加方式而不是覆盖 121

6.5 目录文件权限……122
6.5.1 确保配置文件及目录权限合理……122
6.5.2 备份数据权限最小化……122
6.5.3 日志文件权限最小化……122
6.5.4 确保密钥证书文件权限最小化……123
6.6 权限控制……123
6.6.1 确保使用基于角色的访问控制……123
6.6.2 确保每个角色都是必要的且权限最小化……123
6.6.3 检查具有root用户角色的用户……124
6.7 传输加密……125
6.7.1 确保禁用旧版本TLS协议……125
6.7.2 确保网络传输使用TLS加密……125

第3篇 中间件安全

第7章 Tomcat……129
7.1 安全配置……129
7.1.1 以普通用户运行Tomcat……129
7.1.2 修改默认端口……129
7.1.3 设置密码长度和复杂度……130
7.1.4 配置日志功能……130
7.1.5 设置支持使用HTTPS等加密协议……130
7.1.6 设置连接超时时间……131
7.1.7 禁用危险的HTTP方法……131
7.2 权限控制……132
7.2.1 禁用manager功能……132
7.2.2 禁止Tomcat显示文件列表……132
第8章 Nginx……133
8.1 协议安全……133
8.1.1 配置SSL协议……133
8.1.2 限制SSL协议和密码……133
8.2 安全配置……134
8.2.1 关闭默认错误页的Nginx版本号……134
8.2.2 设置client_body_timeout超时……134
8.2.3 设置client_header_timeout超时……134
8.2.4 设置keepalive_timeout超时……134
8.2.5 设置send_timeout超时……134
8.2.6 设置只允许GET、HEAD、POST方法……135
8.2.7 控制并发连接……135
第9章 WebLogic……136
9.1 安全配置……136
9.1.1 以非root用户运行WebLogic……136
9.1.2 设置加密协议……136
9.1.3 设置账号锁定策略……137
9.1.4 更改默认端口……137
9.1.5 配置超时退出登录……137
9.1.6 配置日志功能……138
9.1.7 设置密码复杂度符合要求……138
9.2 权限控制……138

9.2.1 禁用发送服务器标头…… 138
9.2.2 限制应用服务器 Socket 数量…… 139

第10章 JBoss …… 140

10.1 账号安全…… 140
10.1.1 设置 jmx-console 登录的用户名、密码及其复杂度…… 140
10.1.2 设置 web service 登录的用户名、密码及其复杂度…… 141
10.2 安全配置…… 141
10.2.1 设置支持加密协议…… 141
10.2.2 修改默认端口…… 142
10.2.3 设置会话超时时间…… 142
10.2.4 限制目录列表访问…… 142
10.2.5 记录用户登录行为…… 143

第11章 Apache …… 144

11.1 账号安全…… 144
11.1.1 设置 Apache 用户账号 Shell 生效…… 144
11.1.2 锁定 Apache 用户账号…… 144
11.2 安全配置…… 145
11.2.1 禁用 SSL/TLS 协议…… 145
11.2.2 限制不安全的 SSL/TLS…… 145
11.2.3 设置 Timeout 小于或等于 10…… 145
11.2.4 设置 KeepAlive 为 On…… 145
11.2.5 设置 MaxKeepAliveRequests 大于或等于 100…… 146
11.2.6 设置 KeepAliveTimeout 小于或等于 15…… 146
11.2.7 限制所有目录覆盖…… 146

第12章 IIS …… 147

12.1 权限控制…… 147
12.1.1 卸载不需要的组件…… 147
12.1.2 删除默认站点…… 147
12.1.3 设置网站目录权限…… 147
12.1.4 限制应用程序扩展…… 148
12.1.5 限制 Web 服务扩展…… 148
12.2 安全配置…… 148
12.2.1 日志功能设置…… 148
12.2.2 自定义错误信息…… 148

第13章 WebSphere …… 149

13.1 权限控制…… 149
13.1.1 控制 config 与 properties 目录权限…… 149
13.1.2 禁止目录浏览…… 149
13.2 安全配置…… 150
13.2.1 禁止列表显示文件…… 150
13.2.2 配置日志功能…… 150
13.2.3 启用全局安全性…… 150
13.2.4 启用 Java 2 安全性…… 151
13.2.5 配置控制台会话超时时间…… 151
13.2.6 卸载 sample 例子程序…… 151

第4篇 容器安全

第14章 Docker …… 155

14.1 Docker 主机安全配置…… 156
14.1.1 确保 docker 组中仅存在可信用户…… 156
14.1.2 审计 Docker 守护进程…… 156

14.1.3 审计 Docker 文件和目录 ······ 156
14.1.4 确保 Docker 版本最新 ······ 158
14.2 Docker 守护进程配置 ······ 158
14.2.1 以非 root 用户运行 Docker 守护进程 ······ 158
14.2.2 限制在默认网桥上的容器之间的网络流量 ······ 158
14.2.3 设置日志记录级别为 info ······ 159
14.2.4 允许 Docker 更改 iptables ······ 159
14.2.5 禁止使用不安全的注册表 ······ 159
14.2.6 禁止使用 aufs 存储驱动程序 ······ 159
14.2.7 配置 Docker 守护进程的 TLS 身份验证 ······ 160
14.2.8 正确配置默认 ulimit ······ 160
14.2.9 启用用户命名空间 ······ 160
14.2.10 确保安装授权插件 ······ 161
14.2.11 配置集中和远程日志记录 ······ 161
14.2.12 限制容器获取新权限 ······ 161
14.2.13 启用实时还原 ······ 161
14.2.14 确保禁用 Userland 代理 ······ 162
14.2.15 禁用实验特性 ······ 162
14.3 Docker 守护进程配置文件权限 ······ 162
14.3.1 配置 Docker 相关文件的权限和属主属组 ······ 162
14.3.2 配置/etc/docker 目录的权限和属主属组 ······ 163
14.3.3 配置 Docker 相关证书文件目录的权限和属主属组 ······ 163
14.3.4 配置 Docker 服务器证书密钥文件的权限和属主属组 ······ 164
14.3.5 配置 Docker 套接字文件的权限和属主属组 ······ 164
14.3.6 配置 Containerd 套接字文件的权限和属主属组 ······ 164
14.4 容器镜像和构建文件配置 ······ 165
14.4.1 以非 root 用户运行容器 ······ 165
14.4.2 仅使用受信任的基础镜像 ······ 165
14.4.3 卸载容器中安装的不必要的软件 ······ 165
14.4.4 确保镜像无安全漏洞 ······ 166
14.4.5 启用 Docker 的内容信任 ······ 166
14.4.6 容器镜像中添加健康检查 ······ 166
14.4.7 确保在 Dockerfiles 中不单独使用 update 指令 ······ 166
14.4.8 删除不必要的 setuid 和 setgid 权限 ······ 167
14.4.9 Dockerfiles 中使用 COPY 而不使用 ADD ······ 167
14.4.10 删除 Dockerfiles 中的敏感信息 ······ 168
14.5 容器运行时配置 ······ 168
14.5.1 启用 AppArmor 配置 ······ 168
14.5.2 设置 SELinux 安全选项 ······ 168

14.5.3 删除容器所有不需要的功能……169
14.5.4 不使用特权容器……170
14.5.5 禁止以读写形式挂载主机系统敏感目录……170
14.5.6 禁止容器内运行 sshd……171
14.5.7 确保未映射特权端口……172
14.5.8 关闭容器非必需端口……172
14.5.9 确保容器不共享主机的网络命名空间……173
14.5.10 限制容器的可用内存……173
14.5.11 设置容器的 CPU 阈值……174
14.5.12 合理挂载容器的根文件系统……174
14.5.13 流量绑定特定的主机端口……174
14.5.14 设置容器重启策略……175
14.5.15 不共享主机的 PID 命名空间……175
14.5.16 不共享主机的 IPC 命名空间……176
14.5.17 不直接暴露主机设备……176
14.5.18 设置系统资源限制……176
14.5.19 禁止将挂载传播模式设置为共享……177
14.5.20 不共享主机的 UTS 命名空间……177
14.5.21 启用默认的 seccomp 配置……177
14.5.22 禁止 docker exec 使用 --privileged 选项……178
14.5.23 禁止 docker exec 使用 --user=root 选项……178
14.5.24 使用默认的 Docker cgroup……178
14.5.25 限制容器获取额外的特权……179
14.5.26 运行时检查容器健康状况……179
14.5.27 使用镜像的最新版本……179
14.5.28 限制容器的 pid 个数……180
14.5.29 不共享主机的用户命名空间……180
14.5.30 禁止容器内安装 Docker 套接字……181

14.6 Docker swarm 配置……181
14.6.1 非必要则禁用 swarm 模式……181
14.6.2 创建最小数量的管理节点……181
14.6.3 将 swarm 服务绑定到特定主机端口……182
14.6.4 确保所有 Docker swarm 覆盖网络均加密……182
14.6.5 确保 swarm manager 在自动锁定模式下运行……182
14.6.6 隔离管理平面流量与数据平面流量……183

第 15 章 Kubernetes……184

15.1 Master Node 配置文件……185
15.1.1 配置 kube-apiserver.yaml 的属主属组和权限……185
15.1.2 配置 kube-controller-manager.yaml 的属主属组和权限……185
15.1.3 配置 kube-scheduler.yaml 的属主属组和权限……186

15.1.4 配置 etcd.yaml 的属主属组和权限 186
15.1.5 配置容器网络接口文件的属主属组和权限 187
15.1.6 配置 etcd 数据目录的属主属组和权限 187
15.1.7 配置 admin.conf 的属主属组和权限 188
15.1.8 配置 scheduler.conf 的属主属组和权限 188
15.1.9 配置 controller-manager.conf 的属主属组和权限 189
15.1.10 配置 Kubernetes PKI 目录及文件的属主属组和权限 189
15.2 API Server 190
15.2.1 不使用基本身份认证 190
15.2.2 不使用基于令牌的身份认证 190
15.2.3 使用 HTTPS 进行 Kubelet 连接 191
15.2.4 启用基于证书的 Kubelet 身份认证 191
15.2.5 建立连接前验证 Kubelet 证书 191
15.2.6 禁止授权所有请求 192
15.2.7 设置合理的授权方式 192
15.2.8 设置新 Pod 重启时按需拉取镜像 192
15.2.9 避免自动分配服务账号 193
15.2.10 拒绝在不存在的命名空间中创建对象 193
15.2.11 拒绝创建不安全的 Pod 193
15.2.12 设置准入控制插件 NodeRestriction 194
15.2.13 不绑定不安全的 apiserver 地址 194
15.2.14 不绑定不安全的端口 194
15.2.15 不禁用安全端口 195
15.2.16 启用日志审计 195
15.2.17 设置合适的日志文件参数 195
15.2.18 设置适当的 API 服务器请求超时参数 196
15.2.19 验证令牌之前先验证服务账号 196
15.2.20 为 apiserver 的服务账号设置公钥文件 196
15.2.21 设置 apiserver 和 etcd 之间的 TLS 连接 197
15.2.22 设置 apiserver 的 TLS 连接 197
15.2.23 设置 etcd 对客户端的 TLS 连接 198
15.2.24 设置加密存储 etcd 键值 198
15.3 Controller 管理器 199
15.3.1 每个控制器使用单独的服务账号凭证 199
15.3.2 为 Controller 的服务账号设置私钥文件 199
15.3.3 设置 API 服务器的服务证书 200
15.3.4 禁止 Controller Manager API 服务绑定非环回的不安全地址 200

15.4 scheduler …… 201
15.4.1 确保--profiling 参数为 false …… 201
15.4.2 禁止 scheduler API 服务绑定到非环回的不安全地址 …… 201
15.5 etcd …… 201
15.5.1 为 etcd 服务配置 TLS 加密 …… 201
15.5.2 在 etcd 服务上启用客户端身份认证 …… 202
15.5.3 禁止自签名证书用于 TLS …… 202
15.5.4 设置 etcd 的 TLS 连接 …… 202
15.5.5 配置 etcd 的对等身份认证 …… 203
15.5.6 禁止 TLS 连接时使用自签名证书 …… 203
15.6 Worker 节点配置文件 …… 203
15.6.1 配置 Kubelet 服务文件的属主属组和权限 …… 203
15.6.2 配置代理 kubeconfig 文件的属主属组和权限 …… 204
15.6.3 配置 kubelet.conf 文件的属主属组和权限 …… 204
15.6.4 配置证书颁发机构文件的属主属组和权限 …… 205
15.6.5 配置 Kubelet 配置文件的属主属组和权限 …… 205
15.7 Kubelet 配置 …… 206
15.7.1 禁止匿名请求 Kubelet 服务器 …… 206
15.7.2 启用显式授权 …… 207
15.7.3 启用 Kubelet 证书身份认证 …… 207
15.7.4 禁用只读端口 …… 208
15.7.5 合理设置默认内核参数值 …… 208
15.7.6 允许 Kubelet 管理 iptables …… 209
15.7.7 不要覆盖节点主机名 …… 209
15.7.8 在 Kubelet 上设置 TLS 连接 …… 210
15.7.9 启用 Kubelet 客户端证书轮换 …… 210
15.7.10 启用 Kubelet 服务端证书轮换 …… 211
15.8 Kubernetes 策略 …… 211
15.8.1 禁止 hostPID 设置为 true …… 211
15.8.2 禁止 hostIPC 设置为 true …… 212
15.8.3 禁止 hostNetwork 设置为 true …… 212
15.8.4 禁止 allowPrivilegeEscalation 设置为 true …… 213
15.8.5 禁止以 root 用户运行容器 …… 213
15.8.6 确保所有命名空间都定义网络策略 …… 213

结语 …… 215

第 1 篇

操作系统安全

操作系统是计算机系统的资源管理者，有序地管理着计算机的硬件、软件、服务等资源，并作为用户与计算机硬件之间的接口，帮助用户方便、快捷、安全、可靠地控制计算机硬件和软件的运行。操作系统的安全是网络信息安全的基石，它直接关系到应用系统的安全。

常见的操作系统有 Windows、macOS、Linux、UNIX、纯 DOS（Disk Operating System，磁盘操作系统）等，本篇将针对主流的 Linux 和 Windows 两种操作系统展开介绍，主要的安全加固内容如表 P-1 所示。

表 P-1　操作系统主要的安全加固内容

序号	分类	项目
1	账号管理和认证授权	账号、密码、认证
2	日志安全	日志服务安全、日志审计、日志文件权限
3	其他安全配置	令牌保护、域安全
4	数据安全	数据传输安全、签名完整性、数据共享
5	网络安全	Defender 防火墙安全、iptables 配置、SELinux 配置、NTML 安全
6	本地安全策略	安全启动、安全编译、主机和路由器配置

第 1 章

Linux

目前很多企业的产品都在 Linux 系统中进行服务部署。CentOS 7 作为一个企业级的 Linux 发行版被广泛使用，本章就以 CentOS 7 为例，讲述 Linux 在配置安全方面的重点。

1.1 账号安全

Linux 系统的安全性主要取决于用户账号的安全性。每个进入 Linux 系统的用户都会被分配唯一的账号，用户对系统中各种对象的访问权限取决于他们登录系统时的账号权限。

1.1.1 控制可登录账号

风险分析 对可登录账号进行控制，可以大大降低攻击者获取 Shell 的概率，让系统更加安全。

加固详情 系统账号默认存放在/etc/passwd 中，可以手动查询账号信息，将除需要登录的账号以外的其他账号全部设置为禁止登录，即将其 Shell 设置为/sbin/nologin。

```
[root@centos7 ~]# cat /etc/passwd|grep -i test1
test1:x:1003:1004::/home/test1:/bin/bash
[root@centos7 ~]# usermod -L -s /sbin/nologin test1
[root@centos7 ~]# cat /etc/passwd|grep -i test1
test1:x:1003:1004::/home/test1:/sbin/nologin
```

加固步骤 使用 usermod -L -s /sbin/nologin username 锁定账号登录。

1.1.2 禁止 root 用户登录

风险分析 root 用户作为超级管理员，拥有操作系统资源的所有访问权限，因此日常使用中不建议直接使用 root 用户登录系统，以防重要的文件或文件夹被删除，造成系统崩溃。

加固详情 创建一个普通用户并给予 sudo 权限，然后禁止 root 用户直接登录系统。

加固步骤

（1）首先创建一个普通用户 test。

```
[root@centos7 ~]# useradd test
[root@centos7 ~]# passwd test
Changing password for user test.
New password:
passwd: all authentication tokens updated successfully.
```

（2）根据业务场景，在/etc/sudoers 中给普通用户添加适当的 sudo 权限。

（3）编辑文件/etc/ssh/sshd_config，将 PermitRootLogin 设置为 no，禁止 root 用户登录，如图 1-1 所示。

图 1-1 禁止 root 用户登录

1.1.3 禁用非活动用户

风险分析 非活动用户可能对系统安全造成威胁，例如对系统进行暴力破解、撞库攻击等。

加固详情 对于密码过期 30 天后仍未登录使用的用户，进行强制禁用。

加固步骤 执行命令 useradd -D -f 30，将默认密码不活动期限设置为 30 天。

1.1.4 确保 root 用户的 GID 为 0

风险分析 防止非 root 用户访问 root 用户权限文件。

加固详情 确保 root 用户的 GID 为 0。

加固步骤 执行命令 usermod -g 0 root。

1.1.5 确保仅 root 用户的 UID 为 0

风险分析 防止非 root 用户访问 root 用户权限文件。

加固详情 确保仅 root 用户的 UID 为 0。

加固步骤 执行命令 awk -F: '($3 == 0) { print $1 }' /etc/passwd，返回 UID 为 0 的用户，确保返回的只有 root 用户，如果返回非 root 用户，则执行 usermod 命令修改用户的 UID 为非 0 数字。以下示例修改用户 test 的 UID 为 1234。

```
[root@centos7 ~]# cat /etc/passwd|grep -i test
test:x:1004:1005::/home/test:/bin/bash
[root@centos7 ~]# usermod -u 1234 test
[root@centos7 ~]# cat /etc/passwd|grep -i test
test:x:1234:1005::/home/test:/bin/bash
```

1.2 密码安全

密码是 Linux 用来校验用户身份的首要方法。因此保护密码的安全对于用户、局域网以及整个网络来说都非常重要。近几年来，弱密码导致的安全事件越来越多，密码安全变得愈加重要。

1.2.1 设置密码生存期

风险分析 如果用户的密码被破解且经常用于登录，那么该用户的个人隐私就有被泄露的风险；若该用户经常修改密码，这种风险就会相应降低很多，可以起到及时止损的作用。

加固详情 设置密码生存期，可以对密码的有效期、到期提示天数、最小密码长度等进行设置。

加固步骤 编辑文件/etc/login.defs，密码生存期参数如表 1-1 所示。

表 1-1 密码生存期参数

参数名称	参数值	参数说明
PASS_MAX_DAYS	90	新建用户密码最长使用天数
PASS_MIN_DAYS	1	新建用户密码最短使用天数
PASS_MIN_LEN	7	最小密码长度
PASS_WARN_AGE	8	新建用户密码到期提示天数

1.2.2 设置密码复杂度

风险分析 简单的密码很容易被攻击者使用数据字典破解，加大密码的复杂度，可以增加攻击者破解的难度。想要从根本上防范暴力破解，还需要结合其他的防御手段。

加固详情 对密码的复杂度进行设置。

加固步骤 编辑文件/etc/pam.d/system-auth，在文件中增加以下内容，密码复杂度参数如表 1-2 所示。

```
password    requisite     pam_pwquality.so try_first_pass retry=5 dcredit=-1 lcredit=-1
ucredit=-1 ocredit=-1 minlen=8
```

表 1-2　密码复杂度参数

参数名称	参数说明
retry	定义登录/修改密码失败时，可以重试的次数
difok	定义新密码中必须有几个字符与旧密码不同。但是如果新密码中有 1/2 以上的字符与旧密码不同，该新密码将被接受
minlen	定义用户密码的最小长度
dcredit	定义用户密码中必须包含多少个数字
ucredit	定义用户密码中必须包含多少个大写字母
lcredit	定义用户密码中必须包含多少个小写字母
ocredit	定义用户密码中必须包含多少个特殊字符（除数字、字母之外）

1.2.3　确保加密算法为 SHA-512

风险分析　使用弱加密算法加密的密码被拦截或者泄露后很容易被破解，所以使用安全的加密算法非常有必要，常见的不安全的加密算法有 MD5、SHA-1 等，为保证安全，推荐使用 SHA-512。

加固详情　使用安全的加密算法。

加固步骤　编辑文件/etc/pam.d/password-auth 和/etc/pam.d/system-auth，并添加以下内容。

```
password sufficient pam_unix.so sha512
```

配置加密算法为 SHA-512，如图 1-2 所示。

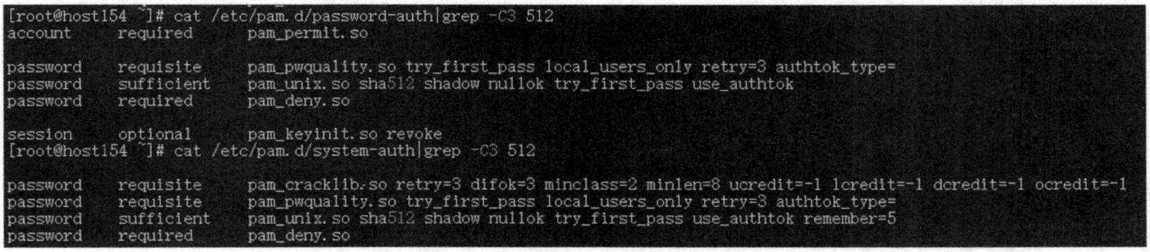

```
[root@host154 ~]# cat /etc/pam.d/password-auth|grep -C3 512
account     required      pam_permit.so

password    requisite     pam_pwquality.so try_first_pass local_users_only retry=3 authtok_type=
password    sufficient    pam_unix.so sha512 shadow nullok try_first_pass use_authtok
password    required      pam_deny.so

session     optional      pam_keyinit.so revoke
[root@host154 ~]# cat /etc/pam.d/system-auth|grep -C3 512

password    requisite     pam_cracklib.so retry=3 difok=3 minclass=2 minlen=8 ucredit=-1 lcredit=-1 dcredit=-1 ocredit=-1
password    requisite     pam_pwquality.so try_first_pass local_users_only retry=3 authtok_type=
password    sufficient    pam_unix.so sha512 shadow nullok try_first_pass use_authtok remember=5
password    required      pam_deny.so
```

图 1-2　配置加密算法为 SHA-512

1.2.4　确保/etc/shadow 密码字段不为空

风险分析　空密码登录系统是非常危险的，可导致绕过认证鉴权访问系统。

加固详情　确保/etc/shadow 密码字段不为空。

加固步骤 执行命令 awk -F: '($2 == "") { print $1 " does not have a password "}' /etc/shadow，返回值即密码字段为空的用户，然后执行命令 passwd username 为空密码用户设置密码。相关示例如下。

检查发现用户 test 的密码字段为空；

```
[root@centos7 ~]# awk -F: '($2 == "" ) { print $1 " does not have a password "}' /etc/shadow  #查询空密码用户
test does not have a password
```

给 test 用户设置密码。（如果用户不使用密码，可以直接删除。）

```
[root@centos7 ~]# passwd test
Changing password for user test.
New password:
passwd: all authentication tokens updated successfully.
```

1.3 登录、认证鉴权

Linux 本身是有一套认证鉴权机制的，但是默认情况下，我们认为它是不安全的，存在很多问题。本节将对 Linux 的认证鉴权机制进行修改，使它的安全性进一步加强，让我们的系统更加安全。

1.3.1 配置 SSH 服务

1．配置 SSH 服务的配置文件、key 文件权限

风险分析 /etc/ssh/sshd_config 是 SSH 服务的配置文件，若未授权用户具有该文件的操作权限，则可能给系统造成巨大的损失。

加固详情 确保/etc/ssh/sshd_config 仅 root 用户可操作。

加固步骤 在主机执行以下命令。

```
chmod 600 /etc/ssh/sshd_config
find /etc/ssh/ -xdev -type f -name 'ssh_host_*_key' -exec chown root:root {} \;
find /etc/ssh/ -xdev -type f -name 'ssh_host_*_key' -exec chmod u-x,go-rwx {} \;
find /etc/ssh/ -xdev -type f -name 'ssh_host_*_key.pub' -exec chmod u-x,go-wx {} \;
find /etc/ssh/ -xdev -type f -name 'ssh_host_*_key.pub' -exec chown root:root {} \;
```

2．修改 SSH 默认远程端口

风险分析 当前所有的攻击手段都对端口进行攻击，使用默认的 22 端口更容易受到外

部攻击，比如 DoS（Denial of Service，拒绝服务）攻击、暴力破解等。

加固详情 对默认的 22 端口进行修改，使用高位端口。这样可以更好地规避工具扫描，毕竟 Nmap 扫描器默认也只扫描 0～1024 端口。

加固步骤 编辑/etc/ssh/sshd_config 文件，设置 Port 为高位端口 50000（40000～65534 均可），如图 1-3 所示。

```
[root@centos7 ~]# cat /etc/ssh/sshd_config|grep -i 'port'
# If you want to change the port on a SELinux system, you have to tell
# semanage port -a -t ssh_port_t -p tcp #PORTNUMBER
Port 50000
# WARNING: 'UsePAM no' is not supported in Red Hat Enterprise Linux and may cause several
#GatewayPorts no
```

图 1-3 设置 Port 为高位端口 50000

3. 禁止端口转发

风险分析 启用端口转发会使组织面临安全风险和后门攻击，攻击者可以利用 SSH 服务隐藏其未经授权的通信，或者从目标网络中过滤被盗数据。

加固详情 禁止端口转发。

加固步骤 编辑 /etc/ssh/sshd_config 文件，将 AllowTcpForwarding 参数设置为 no。

4. 配置 MaxStartups 参数

风险分析 MaxStartups 参数指定 SSH 守护进程的未经验证的并发连接的最大数量，如果不对其做限制，则会造成 DoS 攻击。

加固详情 配置 MaxStartups 参数。

加固步骤 编辑/etc/ssh/sshd_config 文件，将 MaxStartups 参数设置为 maxstartups 10:30:60。

5. 配置最大打开会话数

风险分析 构造大量并发会话可能导致系统遭受 DoS 攻击。

加固详情 配置最大打开会话数。

加固步骤 编辑 /etc/ssh/sshd_config 文件，将 MaxSessions 参数设置为 10。

6. 配置可通过 SSH 服务连接到系统的用户

风险分析 配置指定用户，可以将连接权限最小化，防止未知用户连接到系统，将风险降到最低。

加固详情 配置可通过 SSH 服务连接到系统的用户。

加固步骤 编辑/etc/ssh/sshd_config 文件，配置 AllowUsers 参数，配置形式为 AllowUsers <userlist>。图 1-4 表示仅允许 root 用户可通过 SSH 服务连接到系统。

```
[root@centos7 ~]# cat /etc/ssh/sshd_config|grep -i AllowUsers
AllowUsers root
```

图 1-4 表示仅允许 root 用户可通过 SSH 服务连接到系统

7. 配置鉴权失败次数

风险分析 MaxAuthTries 参数指定尝试身份验证的最大次数，配置它可以防止暴力破解。

加固详情 配置鉴权失败次数。

加固步骤 编辑/etc/ssh/sshd_config 文件，配置 MaxAuthTries 参数为 3。

8. 配置强制输入密码

风险分析 不输入密码等于失去系统的一部分鉴权，使系统的防护更加薄弱。

加固详情 配置强制输入密码。

加固步骤 编辑 /etc/ssh/sshd_config 文件，配置 IgnoreRhosts 参数为 yes。设置此参数会强制用户在使用 SSH 服务进行身份验证时输入密码。

9. 配置禁止空密码登录

风险分析 当用户名泄露或者被破解时，如果允许空密码登录，那么攻击者可以很轻易地进入系统。

加固详情 配置禁止空密码登录。

加固步骤 编辑 /etc/ssh/sshd_config 文件，配置 PermitEmptyPasswords 参数为 no。

> **注意**
>
> 本小节主要介绍对 SSH 服务的配置文件进行修改，修改完后需要重启 SSH 服务才能使配置生效。重启命令为：service ssh restart。

1.3.2 设置登录超时时间

风险分析 登录超时是指终端在没有任何操作连接时中断。超过一定时间，终端中断，这个时间就是登录超时时间。当登录超时时间很长且用户终端暴露给攻击者时，攻击者就可以直接获取用户权限。

加固详情 设置登录超时时间。

加固步骤

（1）编辑文件/etc/profile，在最后一行添加以下内容。

```
export TMOUT=300      #设置登录超时时间为 300s
```

（2）执行命令 sh etc/profile 使其生效，再执行命令 echo $TMOUT 确认结果，成功设置登录超时时间如图 1-5 所示。

```
[root@centos7 ~]# echo 'export TMOUT=300'>>/etc/profile
[root@centos7 ~]# sh /etc/profile
[root@centos7 ~]# echo $TMOUT
300
```

图 1-5 成功设置登录超时时间

1.3.3 设置密码锁定策略

风险分析 当用户被允许不断尝试登录时，系统密码就存在被暴力破解的风险，所以应该设置密码锁定策略，防止攻击者暴力破解密码从而登录系统的情况发生。

加固详情 设置密码锁定策略。

加固步骤 编辑文件/etc/pam.d/system-auth 和/etc/pam.d/password-auth 并添加以下内容。

```
auth required pam_tally2.so deny=5 onerr=fail unlock_time=900
```

密码锁定策略参数如表 1-3 所示。

表 1-3 密码锁定策略参数

参数名称	参数值	参数说明
deny	5	表示用户可尝试登录次数为 5 次，超过 5 次则锁定用户
onerr	fail	设置当出现错误之后的返回值
unlock_time	900	表示普通用户锁定之后的解锁时间

1.3.4 禁止匿名用户登录系统

风险分析 匿名登录，即用户尚未登录系统时，系统会为所有未登录的用户分配一个匿名用户。这个用户拥有自己的权限，不过他不能访问所有被保护的资源。但是这也留下了安全隐患，一些攻击者通过这种手段可以无声无息地在系统中留下后门。

加固详情 禁止匿名用户登录系统。

加固步骤

（1）编辑文件/etc/vsftpd/vsftpd.conf，将 anonymous_enable 设置为 no，表示不允许匿名用户登录，必须输入账号密码才能登录。

（2）修改完成之后重启服务，执行命令 systemctl restart vsftpd。

1.3.5 禁用不安全服务

风险分析 目前很多服务是不安全的，比如 Telnet（远程上机）协议不安全且未加密、FTP（File Transfer Protocol，文件传送协议）不保护数据或身份验证凭据的机密性，所以我们应该禁用不安全服务，防止被攻击者恶意利用。

加固详情 禁用不安全服务。

加固步骤

（1）使用 rpm 命令验证是否安装不安全服务。

依次执行以下命令。

```
rpm -qa xorg-x11-server*
rpm -q avahi-autoipd avahi
rpm -q cups
rpm -q dhcp
rpm -q openldap-servers
rpm -q bind
rpm -q vsftpd
rpm -q httpd
rpm -q dovecot
rpm -q samba
rpm -q squid
rpm -q net-snmp
rpm -q ypserv
rpm -q telnet-server
rpm -q nfs-utils
rpm -q rpcbind
rpm -q rsync
rpm -q telnet
```

服务已安装则返回服务版本号，如图 1-6 所示。

```
[root@centos7 ~]# rpm -q telnet
telnet-0.17-66.el7.x86_64
```

图 1-6 服务已安装示例

服务未安装则返回未安装提示，如图 1-7 所示。

```
[root@centos7 ~]# rpm -q vsftpd
package vsftpd is not installed
```

图 1-7 服务未安装示例

（2）如果已安装不安全服务，则在系统中执行以下命令进行禁用。

```
rpm -e vsftpd
```

1.3.6 禁用不安全的客户端

风险分析 不安全服务存在于不安全的客户端中，所以应该彻底禁用不安全的客户端。

加固详情　禁用不安全的客户端。

加固步骤

（1）使用 rpm 命令验证是否安装不安全客户端。

依次执行以下命令：

```
rpm -q openldap-clients
rpm -q talk
rpm -q rsh
rpm -q ypbind
```

（2）如果已安装不安全的客户端，则执行 yum 命令进行禁用，如 yum remove rsh。

1.3.7　配置/etc/crontab 文件权限

风险分析　/etc/crontab 文件是系统定时任务配置文件，里面的定时任务均由 root 用户执行，如果配置其属主为非 root 用户，就存在提权风险，所以需要控制该文件仅 root 用户可操作。

加固详情　配置/etc/crontab 文件权限为 600。

加固步骤　在系统中执行以下命令修改文件权限。

```
chmod 600 /etc/crontab
```

1.3.8　确保登录警告配置正确

风险分析　在登录终端之前，系统通常会向用户显示/etc/issue（本地登录）、/etc/issue.net（远程登录）文件的内容。基于 UNIX 的系统通常会显示有关操作系统版本和补丁的信息，这些信息对开发人员有用，但同时给试图攻击系统特定漏洞的攻击者提供了便利。这些信息对外提供，大大提高了安全风险。

加固详情　配置登录警告横幅，避免敏感信息泄露。

加固步骤　在系统中执行以下命令。

```
echo "Authorized only. All activity will be monitored and reported" > /etc/issue
echo "Authorized only. All activity will be monitored and reported" >/etc/issue.net
```

加固完成之后，登录时会显示提示，如图 1-8 所示。

```
login as: root
Pre-authentication banner message from server:
Authorized only. All activity will be monitored and reported
End of banner message from server
```

图 1-8　登录时显示提示

1.4 日志审计

日志审计是系统安全管理的需要，因为日志审计是日常安全管理中最为重要的环节之一，它可以帮助运维人员快速评估系统的健壮性、安全性。

1.4.1 配置 auditd 服务

风险分析 当系统遭受攻击时，将系统的操作记录到日志中是非常有必要的。日志可以帮助我们了解系统进行了哪些操作，可以让我们很快地发现漏洞点并及时进行修复，同时为事后审计、事件追溯提供重要的依据。

加固详情 配置 auditd 服务，auditd 是记录 Linux 审计信息的内核模块。它记录系统中的各种动作和事件，比如系统调用、文件修改、执行的程序、系统登录及退出登录。auditd 会将审计记录写入日志文件，系统管理员可以通过它们来确定是否存在对系统的未经授权的访问等安全问题。

加固步骤

（1）安装 auditd 服务。

使用命令 rpm -q audit audit-libs 查询是否已安装 auditd 服务。

如果已安装则返回相关信息，如图 1-9 所示。

```
[root@master01 ~]# rpm -q audit audit-libs
audit-2.8.5-4.el7.x86_64
audit-libs-2.8.5-4.el7.x86_64
```

图 1-9 查看 auditd 服务信息

如果未安装，则执行以下命令进行安装。

```
yum install audit audit-libs
```

（2）启动 auditd 服务。

```
systemctl status auditd | grep 'Active: active (running) '
```

如果已启动则返回 auditd 服务状态，如图 1-10 所示。

```
[root@master01 ~]# systemctl status auditd | grep 'Active: active (running) '
   Active: active (running) since Mon 2022-10-24 16:54:13 CST; 3 months 9 days ago
```

图 1-10 查看 auditd 服务状态

如果未启动 auditd 服务，则执行命令 systemctl --now enable auditd 启动服务。

（3）确保日志记录不会被自动删除，确保在审核日志已满时禁用系统。

编辑文件/etc/audit/rules.d/*.rules（*代表任意字符，每个系统值不同，所以用*表示），添加表 1-4 所示的 auditd 配置参数，并在系统中重启 auditd 服务使配置生效。

```
service auditd restart  #重启 auditd 服务
```

表 1-4　auditd 配置参数

参数名称	参数值	参数说明
max_log_file_action	keep_logs	当达到 max_log_file 指定的日志文件大小时采取的动作
space_left_action	电子邮件地址（自定义）	当磁盘空间达到 space_left 指定的值时，从 action_mail_acct 指定的电子邮件地址向 space_left_action 指定的电子邮件地址发送一封电子邮件，并在/var/log/messages 中写一条警告消息
action_mail_acct	root	负责维护审计守护进程和日志的管理员的电子邮件地址
admin_space_left_action	halt	当自由磁盘空间达到 admin_space_left 指定的值时，系统关闭

（4）确保收集修改日期和时间信息的事件。

编辑文件/etc/audit/rules.d/*.rules，执行以下命令添加配置项。

```
echo '-a always,exit -F arch=b32 -S adjtimex -S settimeofday -S stime -k time-change'>>/etc/ audit/rules.d/audit.rules
echo '-a always,exit -F arch=b32 -S clock_settime -k time-change'>>/etc/audit/rules.d/audit.rules
echo '-w /etc/localtime -p wa -k time-chang'>>/etc/audit/rules.d/audit.rules
```

（5）确保收集修改用户/组信息的事件。

编辑文件/etc/audit/rules.d/*.rules，执行以下命令添加配置项。

```
echo '-w /etc/group -p wa -k identity'>>/etc/audit/rules.d/audit.rules
echo '-w /etc/passwd -p wa -k identity'>>/etc/audit/rules.d/audit.rules
echo '-w /etc/gshadow -p wa -k identity'>>/etc/audit/rules.d/audit.rules
echo '-w /etc/shadow -p wa -k identity'>>/etc/audit/rules.d/audit.rules
echo '-w /etc/security/opasswd -p wa -k identity'>>/etc/audit/rules.d/audit.rules
```

（6）登录及退出登录日志配置。

编辑文件/etc/audit/rules.d/*.rules，执行以下命令添加配置项。

```
echo '-w /var/log/lastlog -p wa -k logins'>>/etc/audit/rules.d/audit.rules
echo '-w /var/run/faillock/ -p wa -k logins'>>/etc/audit/rules.d/audit.rules
```

注意

如果对 auditd 服务的配置文件/etc/audit/rules.d/*.rules 进行修改，那么必须重启服务才可以使配置生效。重启命令为：service auditd restart。

1.4.2 配置 rsyslog 服务

风险分析 当系统遭受攻击时，将系统的操作记录到日志中是非常有必要的。日志可以帮助我们了解系统进行了哪些操作，可以让我们很快地发现漏洞点并及时进行修复，同时为事后审计、事件追溯提供重要的依据。

加固详情 配置 rsyslog 服务，rsyslog 是 Linux 系统中用来实现日志功能的服务。该服务默认已经安装，并且自动启用，主要用来采集日志，不生成日志。

加固步骤

（1）安装 rsyslog 服务。

执行命令 rpm -q rsyslog，如果已安装则返回 rsyslog 版本信息；如果未安装，则执行命令 yum install rsyslog 进行安装。

（2）启动 rsyslog 服务。

在系统中执行命令 systemctl status rsyslog，查看 rsyslog 服务状态，如果已启动则返回相关信息，如图 1-11 所示。

```
[root@centos7 ~]# systemctl status rsyslog | grep 'active (running)'
   Active: active (running) since Wed 2022-08-31 09:22:13 CST; 5 months 3 days ago
```

图 1-11 查看 rsyslog 服务状态

如果服务未启动则执行以下命令启动服务。

```
systemctl start rsyslog
```

（3）配置 rsyslog 默认文件权限。

执行命令 grep ^\$FileCreateMode /etc/rsyslog.conf /etc/rsyslog.d/*.conf，如果无返回值则表示未配置默认文件权限。

执行以下命令，进行默认文件权限配置。

```
echo "\$FileCreateMode 0640" >> /etc/rsyslog.d/*.conf
echo "\$FileCreateMode 0640" >> /etc/rsyslog.conf
systemctl restart rsyslog
```

1.4.3 配置 journald 服务

风险分析 当系统遭受攻击时，将系统的操作记录到日志中是非常有必要的。日志可以帮助我们了解系统进行了哪些操作，可以让我们很快地发现漏洞点并及时进行修复，同时为事后审计、事件追溯提供重要的依据。

加固详情 配置 journald 服务，journald 是一个改进型日志管理服务，可以收集来自内核、系统早期启动阶段的日志，系统守护进程在启动和运行中的标准输出和错误信息，以及

syslog 的日志。

加固步骤

（1）配置日志为将日志发送到 rsyslog。

在系统中执行以下命令，如果返回 ForwardToSyslog=yes，则表示已配置将日志发送到 rsyslog。

```
grep -E ^\s*ForwardToSyslog /etc/systemd/journald.conf
```

如果未配置则执行以下命令，进行加固项配置。

```
echo "ForwardToSyslog=yes">>/etc/systemd/journald.conf
systemctl restart journald
```

（2）配置压缩大文件的功能。

在系统中执行以下命令，如果返回 Compress=yes，则表示已配置压缩大文件的功能。

```
grep -E ^\s*Compress /etc/systemd/journald.conf
```

如果未配置则执行以下命令，进行加固项配置。

```
echo "Compress=yes">>/etc/systemd/journald.conf
systemctl restart journald
```

1.4.4　配置日志文件最小权限

风险分析　系统路径/var/log 中的日志文件包含系统中许多服务的日志信息，如果日志文件为所有人可见则会存在敏感信息泄露的风险，所以应该配置最小权限。

加固详情　配置日志文件最小权限。

加固步骤　在系统中执行以下命令对日志文件进行权限配置，这条命令的意思是将路径/var/log 下的所有文件的群组用户和其他用户权限最小化。

```
find /var/log -type f -exec chmod g-wx,o-rwx "{}" +
```

1.5　安全配置

Linux 系统存在很多安全漏洞，这些漏洞大部分是配置不当造成的。我们可以通过适当的安全配置来防止漏洞的出现。本节将介绍一些强化 Linux 系统安全配置的操作。

1.5.1　限制可查看历史命令条数

风险分析　历史命令中保存了一些之前的操作命令，如果里面存在创建用户时的密码等敏感信息，就会给攻击者带来可乘之机。

加固详情 限制可查看历史命令条数。

加固步骤 编辑/etc/profile 文件，设置 HISTSIZE 变量并使其持久化。以下示例是限制用户只能查看最近的 20 条命令。

（1）编辑文件/etc/profile，在最后一行添加以下内容。

```
export HISTSIZE=20
```

（2）执行以下命令使配置生效。

```
sh /etc/profile
```

设置成功后，HISTSIZE 变量信息如图 1-12 所示。

```
[root@centos7 ~]# cat /etc/profile|tail -1
export HISTSIZE=20
[root@centos7 ~]# echo $ HISTSIZE
20
```

图 1-12 HISTSIZE 变量信息

1.5.2 确保日志文件不会被删除

风险分析 我们需要对日志文件进行一定的权限控制，因为一旦系统被入侵，日志文件对我们进行追本溯源非常有帮助。系统被入侵后，攻击者首先会想办法清除入侵痕迹，所以我们需要给日志文件设置不能删除的属性，以防止日志文件被恶意删除。

加固详情 对日志文件进行权限控制，防止日志文件被恶意删除。

加固步骤 Linux 提供了文件权限配置，当对文件加 a 权限（+a）后，任何人都不能通过 vim 编辑文件里的内容，不能更改、不能删除、不能重命名。所以我们只需要对日志文件加 a 权限，就可以达到加固的目的。

执行以下命令对日志文件进行加 a 权限操作。

```
cd /var/log/
chattr +a dmesg cron lastlog messages secure wtmp
```

进行删除验证，结果如图 1-13 所示，表示成功对日志文件加 a 权限。

```
[root@centos7 log]# rm -rf dmesg
rm: cannot remove  'dmesg' : Operation not permitted
```

图 1-13 成功对日志文件加 a 权限

1.5.3 iptables 配置

风险分析 系统防火墙可以拦截大部分外部攻击，但是如果防火墙放行所有端口，那么会使端口可以和外部通信，从而制造极大的攻击面。

加固详情 安装 iptables 服务，最小化防火墙的规则，只向外部开放业务必需端口。

加固步骤

（1）安装 iptables，执行以下命令。

```
rpm -q iptables iptables-services
```

（2）启动 iptables，执行以下命令。

```
systemctl --now enable iptables
```

（3）查看本机关于 iptables 的设置情况。

```
iptables -L -n
```

（4）控制流入数据包，执行以下命令。

```
iptables -p INPUT DROP
```

（5）添加规则，执行以下命令。

```
iptables -A INPUT -p tcp --dport 端口号 -j ACCEPT
```

（6）保存配置，执行以下命令。

```
iptables-save
```

注意

iptables 不能与 firewall 和 nftables 服务一起运行。

1.5.4 配置系统时间同步

风险分析 对于一个安全的系统来说，获取准确的时间是至关重要的，特别是对于一些和系统时间相关联的应用，比如 Kerberos、NFS（Network File System，网络文件系统）等。

加固详情 配置系统时间同步。

加固步骤

（1）安装服务。

在系统中直接使用 yum 命令安装服务，依次执行以下命令。

```
yum install chrony
yum install ntp
```

（2）配置 chrony 服务。

在文件/etc/chrony.conf 中添加或者编辑参数 server，形式如下。

```
server <remote-server>
```

在文件/etc/sysconfig/chronyd 中添加或者编辑参数 OPTIONS，添加-u chrony，形式如下。

```
OPTIONS="-u chrony"
```

配置完成信息如图 1-14 所示。

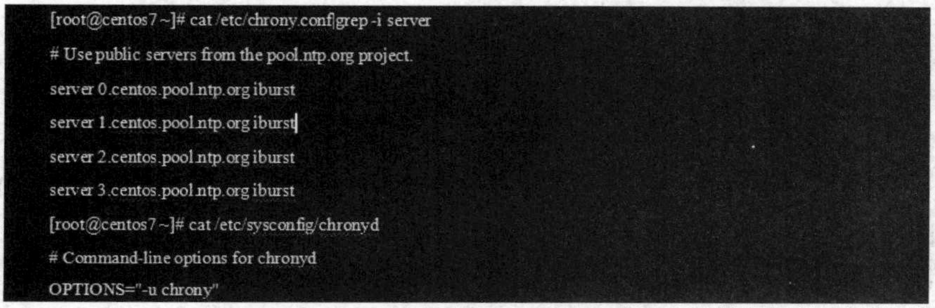

```
[root@centos7 ~]# cat /etc/chrony.conf|grep -i server
# Use public servers from the pool.ntp.org project.
server 0.centos.pool.ntp.org iburst
server 1.centos.pool.ntp.org iburst
server 2.centos.pool.ntp.org iburst
server 3.centos.pool.ntp.org iburst
[root@centos7 ~]# cat /etc/sysconfig/chronyd
# Command-line options for chronyd
OPTIONS="-u chrony"
```

图 1-14 配置 chrony 服务

（3）配置 ntp 服务。

在文件/etc/ntp.conf 中添加或者编辑以下内容。

```
restrict -4 default kod nomodify notrap nopeer noquery
restrict -6 default kod nomodify notrap nopeer noquery
```

在文件/etc/ntp.conf 中添加或者编辑参数 server，形式如下。

```
server <remote-server>
```

在文件/etc/sysconfig/ntpd 中添加或者编辑参数 OPTIONS，添加 -u ntp:ntp，形式如下。

```
OPTIONS="-u ntp:ntp"
```

配置完成信息如图 1-15 所示。

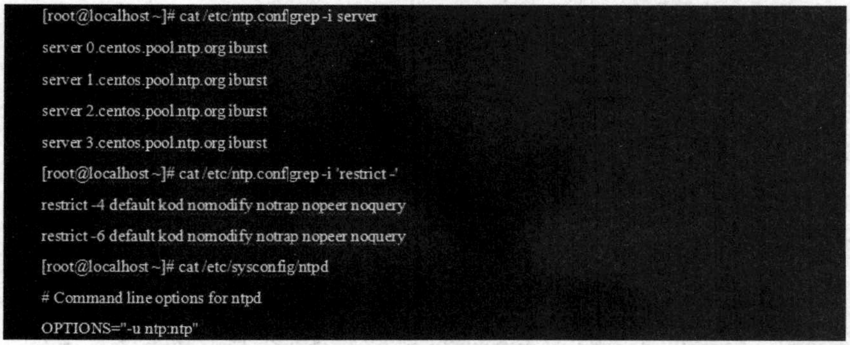

```
[root@localhost ~]# cat /etc/ntp.conf|grep -i server
server 0.centos.pool.ntp.org iburst
server 1.centos.pool.ntp.org iburst
server 2.centos.pool.ntp.org iburst
server 3.centos.pool.ntp.org iburst
[root@localhost ~]# cat /etc/ntp.conf|grep -i 'restrict -'
restrict -4 default kod nomodify notrap nopeer noquery
restrict -6 default kod nomodify notrap nopeer noquery
[root@localhost ~]# cat /etc/sysconfig/ntpd
# Command line options for ntpd
OPTIONS="-u ntp:ntp"
```

图 1-15 配置 ntp 服务

在系统执行以下命令，重启服务使配置生效。

```
systemctl daemon-reload
systemctl --now enable ntpd
```

1.5.5 限制umask值

风险分析 umask值被用于设置文件的默认属性。系统默认的umask值是0022，在这种配置下，当新建文件时，任意文件的权限为755，相当于赋予了文件可被任意用户执行的权限。当系统被攻击时，攻击者上传木马文件至系统后台，木马文件会被轻易地执行，从而获取Shell或者留下后门。

加固详情 限制umask值为0027。

加固步骤 修改/etc/profile文件，设置umask的值，在系统中执行以下命令。

```
echo "umask 0027" >> /etc/profile
sh /etc/profile
```

1.5.6 限制su命令的访问

风险分析 su命令用于切换登录用户，如果不对其进行限制，则存在权限绕过风险。

加固详情 限制su命令的访问。

加固步骤 创建su命令专属群组，当用户需要使用su命令时，添加该用户到su命令专属群组。如下所示，创建su命令专属群组 sugroup，且给test用户添加su命令的访问权限。

（1）创建su命令专属群组sugroup，并将test用户添加到群组sugroup。

```
[root@centos7 ~]# groupadd sugroup
[root@centos7~]# usermod -G sugroup test
[root@centos7~]# getent group sugroup
sugroup:x:1001:test
```

（2）给sugroup群组添加su命令的访问权限，即编辑文件/etc/pam.d/su，添加以下内容。

```
auth required pam_wheel.so use_uid group=sugroup
```

1.5.7 SELinux配置

风险分析 SELinux（Security-Enhanced Linux，安全增强型Linux）是Linux的一个安全子系统。缺少SELinux，系统更容易遭受攻击者的攻击，相当于失去了一道防御机制。SELinux默认安装在 Fedora 和 Red Hat Enterprise Linux 上，而其他的发行版则需要自行安装。

加固详情 安装和配置 SELinux。

加固步骤

（1）在引导加载程序配置中启用 SELinux，执行以下命令。

```
cat /etc/default/grub|grep -i 'selinux=0'|grep -i 'enforcing=0'
```

如果有返回值，则编辑文件/etc/default/grub，删除文件中的 selinux=0 和 enforcing=0 并执行以下命令。

```
grub2-mkconfig -o /boot/grub2/grub.cfg
```

（2）配置 SELinux 策略。

编辑文件/etc/selinux/config，设置以下参数。

```
SELINUXTYPE=targeted
```

1.5.8 系统文件权限配置

风险分析 系统文件权限如果配置不当，很容易造成越权问题，特别是系统敏感文件（如/etc/shadow 等）的权限一定要进行合理配置，否则会造成不可预知的灾难。

加固详情 对系统文件的权限进行合理配置。

加固步骤

（1）系统中不能存在任何用户都拥有写入权限的文件。

执行命令 find / -type f \(-perm -o+w \)，如果存在返回值则对返回的文件进行权限最小化处理。

（2）系统中不能存在没有属主和属组的文件。

执行命令 find / -xdev -nogroup 和 find / -xdev -nouser，如果存在返回值则对返回的文件指定属主和属组。

（3）对系统中的重要文件进行权限配置，在系统中执行以下命令。

```
chown root:root /etc/passwd /etc/passwd- /etc/shadow /etc/shadow- /etc/gshadow- /etc/gshadow /etc/group /etc/group-
chmod u-x,g-wx,o-wx /etc/passwd
chmod u-x,go-wx /etc/passwd-
chmod 0000 /etc/shadow
chmod 0000 /etc/shadow-
chmod 0000 /etc/gshadow-
chmod 0000 /etc/gshadow
chmod u-x,g-wx,o-wx /etc/group
chmod u-x,go-wx /etc/group-
```

1.6 安全启动

对于系统来说，如果启动过程可控，则会引发一系列问题，如恶意植入、敏感信息泄露等。对于系统启动过程中的一些行为需要采取措施进行约束，让我们的系统安全启动。

1.6.1 设置引导加载程序密码

风险分析 设置引导加载程序密码，可防止未经授权的用户执行引导加载程序，恶意输入引导参数或更改引导分区。

加固详情 设置引导加载程序密码。

加固步骤

（1）判断当前系统版本，并设置引导加载程序密码，相关示例如下。

```
[root@centos7 ~]# uname -a
Linux centos7.4-108.240-maoping 3.10.0-957.el7.x86_64 #1 SMP Thu Nov 8 23:39:32 UTC 2018 x86_64 x86_64 x86_64 GNU/Linux
```

可以看出当前系统版本是 7.4。

当系统版本大于或等于 7.2 时，执行以下命令设置密码。

```
[root@centos7 ~]# grub2-setpassword
Enter password: <password>
Confirm password: <password>
```

当系统版本小于 7.2 时，执行以下命令设置密码。

```
[root@centos7 ~]# grub2-mkpasswd-pbkdf2
Enter password: <password>
Reenter password: <password>
```

（2）在文件/etc/grub.d/01_users 中添加以下内容。

```
cat <<EOF
set superusers="<username>"
password_pbkdf2 <username> <encrypted-password>
EOF
```

（3）执行以下命令更新 grub2 配置。

```
[root@centos7 ~]# grub2-mkconfig -o /boot/grub2/grub.cfg
```

1.6.2 配置引导加载程序权限

风险分析 仅为 root 用户设置读写权限可以防止非 root 用户查看或更改引导参数。

加固详情 配置引导加载程序权限。

加固步骤 在系统中执行以下命令。

```
chown root:root /boot/grub2/grub.cfg
test -f /boot/grub2/user.cfg && chown root:root /boot/grub2/user.cfg
chmod og-rwx /boot/grub2/grub.cfg
test -f /boot/grub2/user.cfg && chmod og-rwx /boot/grub2/user.cfg
```

1.6.3 配置单用户模式需要身份验证

风险分析 在单用户模式（救援模式）下进行身份验证，可以防止未经授权的用户重新启动系统进入单用户模式，进而在没有凭据的情况下获得根权限。

加固详情 配置单用户模式需要身份验证。

加固步骤 在文件/usr/lib/systemd/system/rescue.service 和/usr/lib/systemd/system/emergency.service 中，添加或者编辑 ExecStart 参数，参数值如下。

```
ExecStart=-/bin/sh -c "/sbin/sulogin; /usr/bin/systemctl --fail --no-block default"
```

配置成功信息如图 1-16 所示。

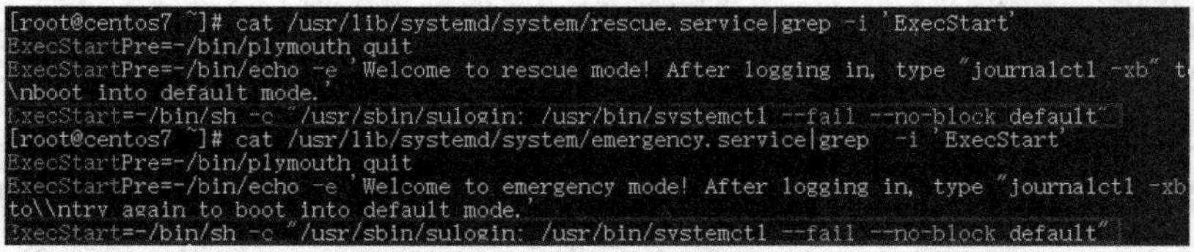

```
[root@centos7 ~]# cat /usr/lib/systemd/system/rescue.service|grep -i 'ExecStart'
ExecStartPre=-/bin/plymouth quit
ExecStartPre=-/bin/echo -e 'Welcome to rescue mode! After logging in, type "journalctl -xb" t
\nboot into default mode.'
ExecStart=-/bin/sh -c "/usr/sbin/sulogin; /usr/bin/systemctl --fail --no-block default"
[root@centos7 ~]# cat /usr/lib/systemd/system/emergency.service|grep  -i 'ExecStart'
ExecStartPre=-/bin/plymouth quit
ExecStartPre=-/bin/echo -e 'Welcome to emergency mode! After logging in, type "journalctl -xb
to\\ntry again to boot into default mode.'
ExecStart=-/bin/sh -c "/usr/sbin/sulogin; /usr/bin/systemctl --fail --no-block default"
```

图 1-16 配置单用户模式需要身份验证

1.7 安全编译

Linux 的安全编译可以带来很多好处，因为它能够增强程序的安全性，防止遭受某些攻击，如缓冲区溢出攻击等。本节将描述安全编译在程序方面的具体加固措施。

1.7.1 限制堆芯转储

风险分析 对堆芯转储设置限制可以防止用户重写软变量。

加固详情 限制堆芯转储。

加固步骤

（1）在文件/etc/security/limits.conf 或/etc/security/limits.d/*（*代表任意文件）中添加以下内容。

```
* hard core 0
```

（2）在文件/etc/sysctl.conf 或/etc/sysctl.d/*中添加以下内容。

```
fs.suid_dumpable = 0
```

（3）执行以下命令。

```
[root@centos7 ~]# sysctl -w fs.suid_dumpable=0
```

（4）编辑文件/etc/systemd/coredump.conf，添加或者修改以下内容。

```
Storage=none
ProcessSizeMax=0
```

（5）执行以下命令。

```
[root@centos7 ~]# systemctl daemon-reload
```

1.7.2 启用 XD/NX 支持

风险分析 启用 XD/NX（Execute Distable/No Execute，禁止执行位）支持可以防御缓冲区溢出攻击。

加固详情 启用 XD/NX 支持。

加固步骤 在 BIOS（Basic Input/Output System，基本输入输出系统）中启用 XD/NX 支持。

1.7.3 启用地址空间布局随机化

风险分析 随机化地址空间可以防止攻击者对固定地址进行网络攻击。

加固详情 启用地址空间布局随机化（Address Space Layout Randomization，ASLR）。

加固步骤

（1）在文件/etc/sysctl.conf 或 /etc/sysctl.d/*中添加以下内容。

```
kernel.randomize_va_space = 2
```

（2）执行以下命令。

```
[root@centos7 ~]# sysctl -w kernel.randomize_va_space=2
```

1.7.4 禁止安装 prelink

风险分析 prelink 可能会干扰 AIDE（Advanced Intrusion Detetion Environment，高级入侵检测环境，主要用途是检查文档的完整性）的操作。

加固详情 禁止安装 prelink。

加固步骤 执行命令 rpm -q prelink，如果返回版本信息，则执行卸载命令 yum remove prelink 进行卸载。相关示例如下。

未安装 prelink：

```
[root@centos7 ~]# rpm -q prelink
package prelink is not installed
```

卸载 prelink：

```
[root@centos7 ~]# yum remove prelink
```

1.8 主机和路由器系统配置

系统的路由用于系统数据包的接收和转发。比如系统接收到报文的时候需要进行路由，判断此报文是发送到本机还是需要转发到其他设备。系统发送报文的时候也需要进行路由，判断此报文是发往本机还是发往外部设备。如果是发往外部设备，并且当前对于路由配置没有严格的安全策略时，就会引发一系列外部攻击，如中间人攻击。

1.8.1 禁止接收源路由数据包

风险分析 源路由允许部分或全部发送方的数据包通过网络的路由，可能存在被恶意攻击的风险。

加固详情 禁止接收源路由数据包。

加固步骤 编辑文件/etc/sysctl.conf 和/etc/sysctl.d/*，使得文件中包含以下参数。

```
net.ipv4.conf.all.accept_source_route = 0
net.ipv4.conf.default.accept_source_route = 0
net.ipv6.conf.all.accept_source_route = 0
net.ipv6.conf.default.accept_source_route = 0
```

修改完成后如图 1-17 所示。

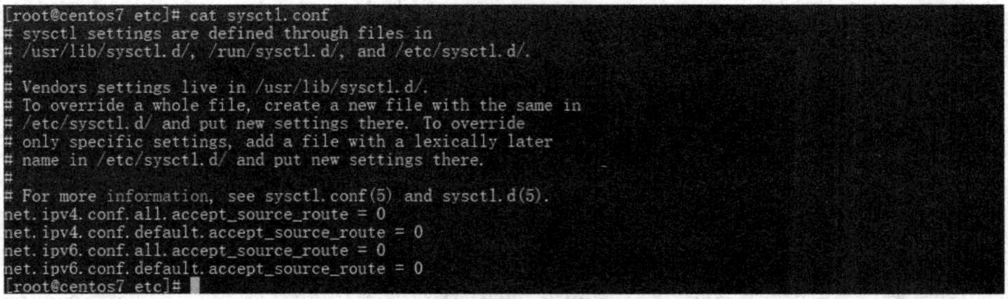

```
[root@centos7 etc]# cat sysctl.conf
# sysctl settings are defined through files in
# /usr/lib/sysctl.d/, /run/sysctl.d/, and /etc/sysctl.d/.
#
# Vendors settings live in /usr/lib/sysctl.d/.
# To override a whole file, create a new file with the same in
# /etc/sysctl.d/ and put new settings there. To override
# only specific settings, add a file with a lexically later
# name in /etc/sysctl.d/ and put new settings there.
#
# For more information, see sysctl.conf(5) and sysctl.d(5).
net.ipv4.conf.all.accept_source_route = 0
net.ipv4.conf.default.accept_source_route = 0
net.ipv6.conf.all.accept_source_route = 0
net.ipv6.conf.default.accept_source_route = 0
[root@centos7 etc]#
```

图 1-17 配置禁止接收源路由数据包

执行以下命令。

```
[root@centos7 ~]# sysctl -w net.ipv4.conf.all.accept_source_route=0
[root@centos7 ~]# sysctl -w net.ipv4.conf.default.accept_source_route=0
[root@centos7 ~]# sysctl -w net.ipv4.route.flush=1
[root@centos7 ~]# sysctl -w net.ipv6.conf.all.accept_source_route=0
[root@centos7 ~]# sysctl -w net.ipv6.conf.default.accept_source_route=0
[root@centos7 ~]# sysctl -w net.ipv6.route.flush=1
```

1.8.2 禁止数据包转发

风险分析 如果允许数据包转发，那么系统就相当于路由器，存在安全风险。

加固详情 禁止数据包转发。

加固步骤 编辑文件/etc/sysctl.conf、/etc/sysctl.d/*.conf、/usr/lib/sysctl.d/*.conf 和/run/sysctl.d/*.conf，使得文件中包含以下参数。

```
net.ipv4.ip_forward=0
net.ipv6.conf.all.forwarding=0
```

执行以下命令。

```
[root@centos7 ~]# sysctl -w net.ipv4.ip_forward=0
[root@centos7 ~]# sysctl -w net.ipv4.route.flush=1
[root@centos7 ~]# sysctl -w net.ipv6.conf.all.forwarding=0
[root@centos7 ~]# sysctl -w net.ipv6.route.flush=1
```

1.8.3 关闭 ICMP 重定向

风险分析 如果打开 ICMP（Internet Control Message Protocol，互联网控制报文协议）重定向，攻击者可以使用虚假的 ICMP 重定向消息恶意更改系统路由表，使其将数据包发送到不正确的网络，从而拦截系统数据包。

加固详情 关闭 ICMP 重定向。

加固步骤 编辑文件/etc/sysctl.conf 和/etc/sysctl.d/*，使得文件中包含以下参数。

```
net.ipv4.conf.all.accept_redirects = 0
net.ipv4.conf.default.accept_redirects = 0
net.ipv6.conf.all.accept_redirects = 0
net.ipv6.conf.default.accept_redirects = 0
```

执行以下命令。

```
[root@centos7 ~]# sysctl -w net.ipv4.conf.all.accept_redirects=0
[root@centos7 ~]# sysctl -w net.ipv4.conf.default.accept_redirects=0
[root@centos7 ~]# sysctl -w net.ipv4.route.flush=1
[root@centos7 ~]# sysctl -w net.ipv6.conf.all.accept_redirects=0
[root@centos7 ~]# sysctl -w net.ipv6.conf.default.accept_redirects=0
[root@centos7 ~]# sysctl -w net.ipv6.route.flush=1
```

1.8.4 关闭安全 ICMP 重定向

风险分析 即使是已知的网关也有可能存在安全隐患，所以应该关闭安全 ICMP 重定向。

加固详情 关闭安全 ICMP 重定向。

加固步骤 编辑文件/etc/sysctl.conf 和/etc/sysctl.d/*，使得文件中包含以下参数。

```
net.ipv4.conf.all.secure_redirects = 0
net.ipv4.conf.default.secure_redirects = 0
```

执行以下命令。

```
[root@centos7 ~]# sysctl -w net.ipv4.conf.all.secure_redirects=0
[root@centos7 ~]# sysctl -w net.ipv4.conf.default.secure_redirects=0
[root@centos7 ~]# sysctl -w net.ipv4.route.flush=1
```

1.8.5 记录可疑数据包

风险分析 记录发送的数据包，当被恶意攻击时可以第一时间进行定位并清除威胁。

加固详情 记录可疑数据包。

加固步骤 编辑文件/etc/sysctl.conf 和/etc/sysctl.d/*，使得文件中包含以下参数。

```
net.ipv4.conf.all.log_martians = 1
net.ipv4.conf.default.log_martians = 1
```

执行以下命令。

```
[root@centos7 ~]# sysctl -w net.ipv4.conf.all.log_martians=1
[root@centos7 ~]# sysctl -w net.ipv4.conf.default.log_martians=1
[root@centos7 ~]# sysctl -w net.ipv4.route.flush=1
```

1.8.6 忽略广播 ICMP 请求

风险分析 忽略广播 ICMP 请求可以防止外部的 Smurf 攻击。

加固详情 忽略广播 ICMP 请求。

加固步骤 编辑文件/etc/sysctl.conf 和/etc/sysctl.d/*，使得文件中包含以下参数。

```
net.ipv4.icmp_echo_ignore_broadcasts = 1
```

执行以下命令。

```
[root@centos7 ~]# sysctl -w net.ipv4.icmp_echo_ignore_broadcasts=1
[root@centos7 ~]# sysctl -w net.ipv4.route.flush=1
```

1.8.7 忽略虚假 ICMP 响应

风险分析 主机会接收很多无用消息，从而使日志文件系统内存爆满。

加固详情 忽略虚假 ICMP 响应。

加固步骤 编辑文件/etc/sysctl.conf 和/etc/sysctl.d/*，使得文件中包含以下参数。

```
net.ipv4.icmp_ignore_bogus_error_responses = 1
```

执行以下命令。

```
[root@centos7 ~]# sysctl -w net.ipv4.icmp_ignore_bogus_error_responses=1
[root@centos7 ~]# sysctl -w net.ipv4.route.flush=1
```

1.8.8 启用反向路径转发

风险分析 阻止攻击者发送无法响应的系统虚假数据包，可以防止 DDoS（Distributed Denial of Service，分布式拒绝服务）攻击。

加固详情 启用反向路径转发。

加固步骤 编辑文件/etc/sysctl.conf 和/etc/sysctl.d/*，使得文件中包含以下参数。

```
net.ipv4.conf.all.rp_filter = 1
net.ipv4.conf.default.rp_filter = 1
```

执行以下命令。

```
[root@centos7 ~]# sysctl -w net.ipv4.conf.all.rp_filter=1
[root@centos7 ~]# sysctl -w net.ipv4.conf.default.rp_filter=1
[root@centos7 ~]# sysctl -w net.ipv4.route.flush=1
```

1.8.9 启用 TCP SYN Cookie

风险分析 启用 TCP（Transmission Control Protocol，传输控制协议）SYN Cookie，可以防止泛洪攻击造成的 DDoS 攻击。

加固详情 启用 TCP SYN Cookie。

加固步骤 编辑文件/etc/sysctl.conf 和/etc/sysctl.d/*，使得文件中包含以下参数。

```
net.ipv4.tcp_syncookies = 1
```

执行以下命令。

```
[root@centos7 ~]# sysctl -w net.ipv4.tcp_syncookies=1
[root@centos7 ~]# sysctl -w net.ipv4.route.flush=1
```

1.8.10 禁止接收 IPv6 路由器广告

风险分析 路由器广告是不可信的，可能会将流量路由到受损机器。

加固详情 禁止接收 IPv6（Internet Protocol version 6，第 6 版互联网协议）路由器广告。

加固步骤 编辑文件/etc/sysctl.conf 和/etc/sysctl.d/*，使得文件中包含以下参数。

```
net.ipv6.conf.all.accept_ra = 0
net.ipv6.conf.default.accept_ra = 0
```

执行以下命令。

```
[root@centos7 ~]# sysctl -w net.ipv6.conf.all.accept_ra=0
[root@centos7 ~]# sysctl -w net.ipv6.conf.default.accept_ra=0
[root@centos7 ~]# sysctl -w net.ipv6.route.flush=1
```

第2章

Windows

与 Linux 系统相比，Windows 系统的安全性常常被人质疑，不过随着 Windows 版本的更新迭代，其安全性越来越强。Windows 系统只要加强防护，可用性还是比较高的。目前很多产品在研发时偏重功能的实时性和可靠性，对防御安全攻击缺乏前期设计和有效方法，如果在系统方面进行一些安全加固，则可以防御大部分来自外部的恶意攻击，使产品更加安全。本章就以 Windows 10 为例，介绍 Windows 系统的安全加固方法。

2.1 账户安全

操作系统的安全是网络安全的核心，账户管理的安全又是操作系统安全的核心。因此，对账户的安全管理变得尤为重要。

2.1.1 禁用 Guest 账户

风险分析 开启 Guest（来宾）账户意味着允许未经授权的账户访问系统，存在安全隐患。

加固详情 禁用 Guest 账户。

加固步骤 打开“控制面板”，选择“管理工具”>“计算机管理”，在弹出的“计算机管理”窗口中选择“系统工具”>“本地用户和组”>“用户”，双击“Guest”账户，在“Guest 属性”对话框中勾选“账户已禁用”，单击“确定”，如图 2-1 所示。

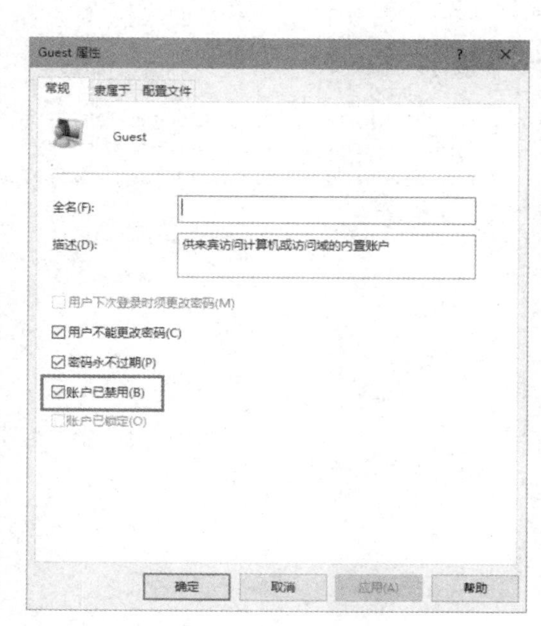

图 2-1 禁用 Guest 账户

2.1.2 禁用管理员账户

风险分析 管理员账户具有 SID（Security Identifier，安全标识符），并且存在第三方工具可以使用 SID 而不是账户名进行身份验证的风险。即使重命名管理员账户，攻击者也可以使用 SID 登录方式来发起暴力破解攻击。

加固详情 禁用管理员账户。

加固步骤 打开“控制面板”，选择“管理工具”>“本地安全策略”，在弹出的“本地安全策略”窗口中选择“本地策略”>“安全选项”，然后在“账户: 管理员账户状态 属性”对话框中，选择“已禁用”并单击“确定”，如图 2-2 所示。

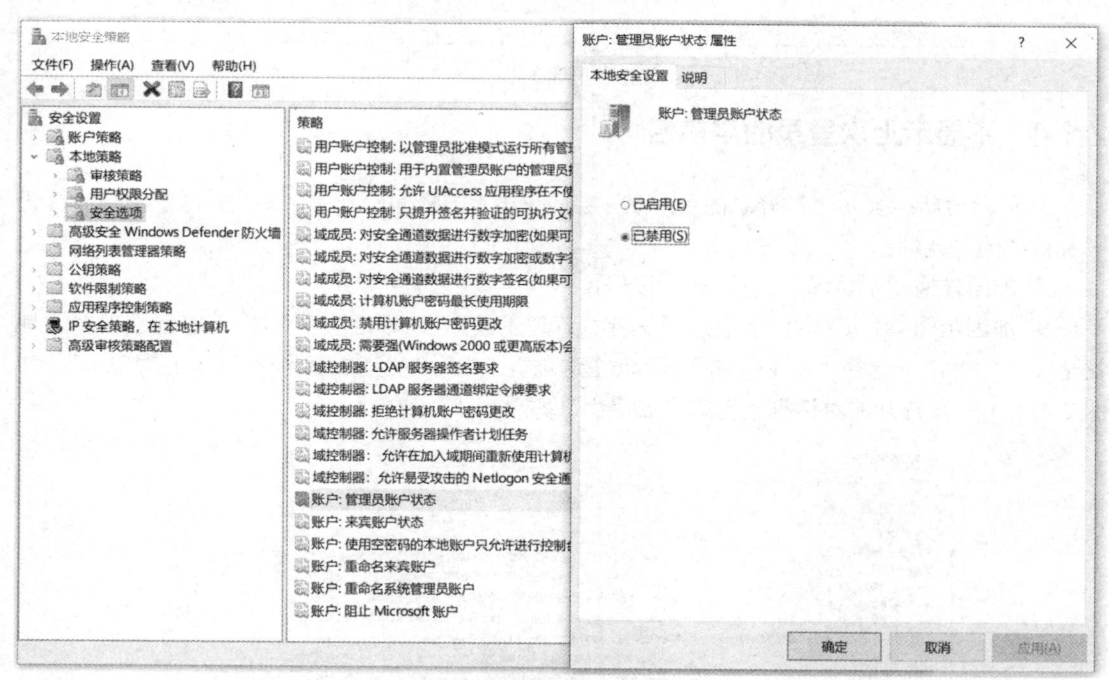

图 2-2 禁用管理员账户

2.1.3 删除无用账户

风险分析 无用账户可能被攻击者用来登录系统，所以每个账户都应该严格控制。

加固详情 删除无用账户。

加固步骤 打开“控制面板”，选择“管理工具”>“计算机管理”，在弹出的“计算机管理”窗口中选择“系统工具”>“本地用户和组”>“用户”，查看是否存在与设备运行、维护等工作无关的账户，右击该账户，单击“删除”，如图 2-3 所示。

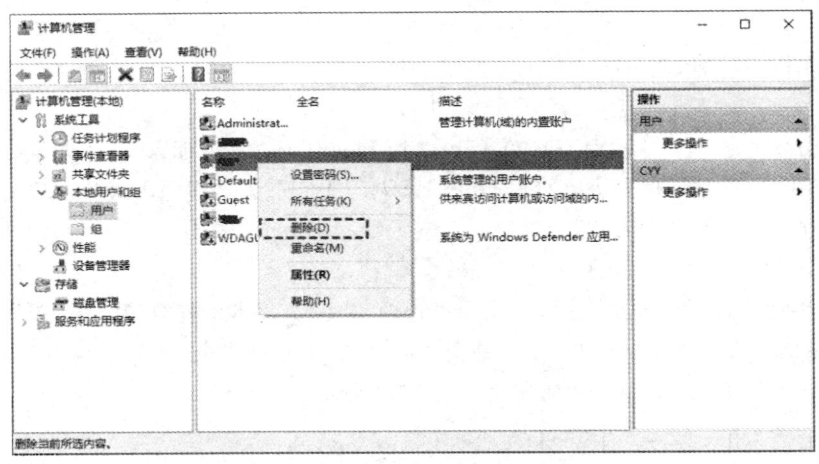

图 2-3 删除无用账户

2.1.4 不显示上次登录的用户名

风险分析 显示上次登录的用户名，会向攻击者暴露系统已存在账户，增加攻击者暴力破解系统的可能性。

加固详情 不显示上次登录的用户名。

加固步骤 打开“控制面板”，选择“管理工具”>“本地安全策略”，在弹出的“本地安全策略”窗口中选择“本地策略”>“安全选项”，双击“交互式登录:不显示上次登录”，如图 2-4 所示，在打开的对话框中选择“已启用”并单击“确定”。

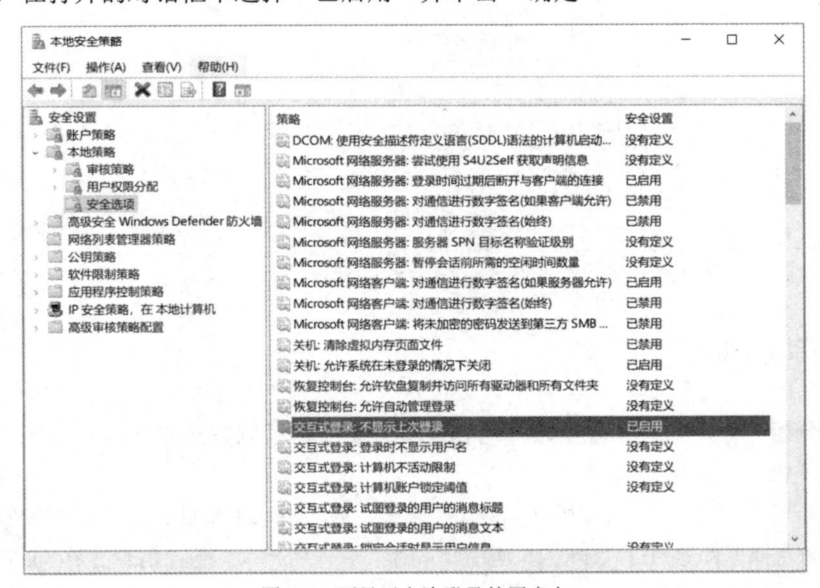

图 2-4 不显示上次登录的用户名

2.1.5 禁止空密码登录系统

风险分析 若允许空密码登录系统，则攻击者可以通过猜解账户从而登录系统，也可以创建空密码账户，在系统中留下后门。

加固详情 禁止空密码登录系统。

加固步骤 打开“控制面板”，选择“管理工具”>“本地安全策略”，在弹出的“本地安全策略”窗口中选择“本地策略”>“安全选项”，双击“账户:使用空密码的本地账户只允许进行控制台登录”，如图 2-5 所示，在打开的对话框中选择“已启用”并单击“确定”。

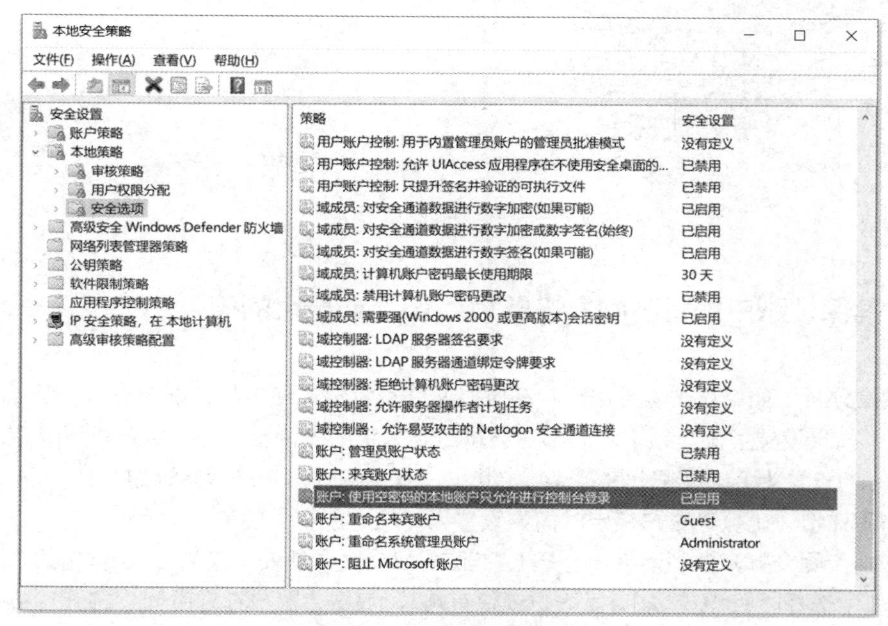

图 2-5 禁止空密码登录系统

2.1.6 重命名来宾和管理员账户

风险分析 使用默认的账户名称，容易遭受字典攻击。

加固详情 重命名来宾和管理员账户。

加固步骤 打开“控制面板”，选择“管理工具”>“本地安全策略”，在弹出的“本地安全策略”窗口中选择“本地策略”>“安全选项”，双击“账户: 重命名来宾账户”和“账户:重命名系统管理员账户”打开对话框重命名来宾和管理员账户，然后单击“确定”，如图 2-6 所示。

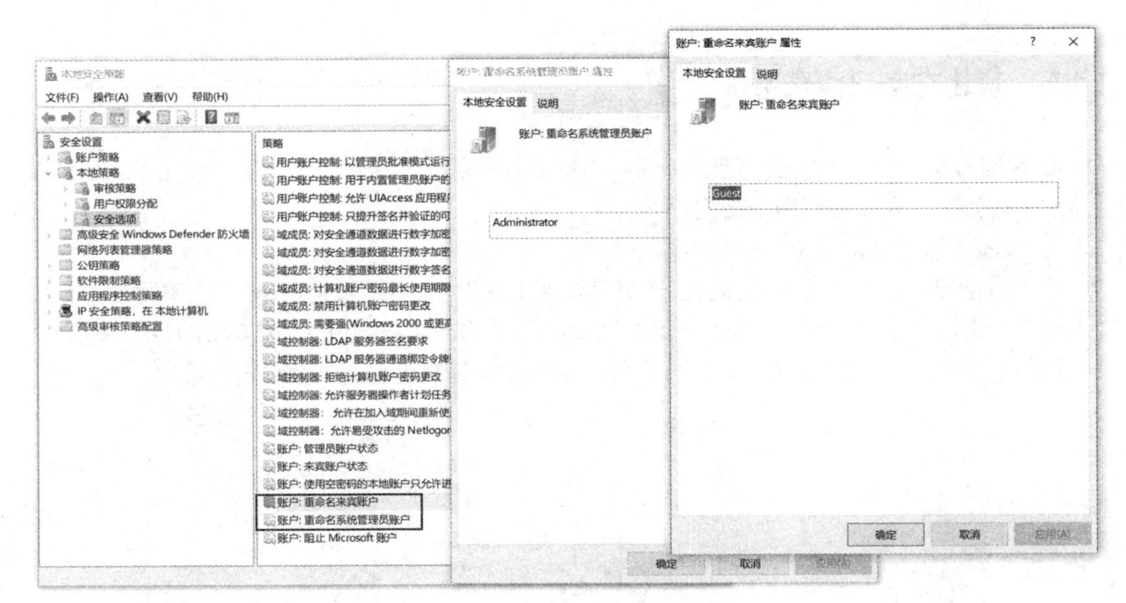

图 2-6　重命名 Guest 和管理员账户

2.1.7　确保“账户锁定时间”设置为“15”或更大的值

风险分析　如果攻击者滥用账户锁定时间并重复尝试使用特定账户登录，则可能会造成 DoS 情况。如果设置了账户锁定时间，在尝试达到限定的失败次数后，账户将被锁定。如果将账户锁定时间设置为 0，则账户将保持锁定状态，直至管理员手动解除锁定。

加固详情　确保“账户锁定时间”设置为“15”或更大的值。

加固步骤　打开控制面板，选择“管理工具”>“本地安全策略”，在弹出的“本地安全策略”窗口中选择“账户策略”>“账户锁定策略”，双击“账户锁定时间”打开对话框，将时间设置为“15”或更大的值，不能为 0。

2.1.8　确保“账户锁定阈值”设置为“5”或更小的值

风险分析　设置账户锁定阈值可降低成功暴力破解在线密码的可能性。将账户锁定阈值设置得过低，会导致意外锁定或增加攻击者故意锁定账户的风险。

加固详情　确保“账户锁定阈值”设置为“5”或更小的值，但不可以设置为 0。

加固步骤　打开“控制面板”，选择“管理工具”>“本地安全策略”，在弹出的“本地安全策略”窗口中选择“账户策略”>“账户锁定策略”，双击“账户锁定阈值”，如图 2-7 所示，打开对话框，将无效登录次数设置为“5”或者更小的值。

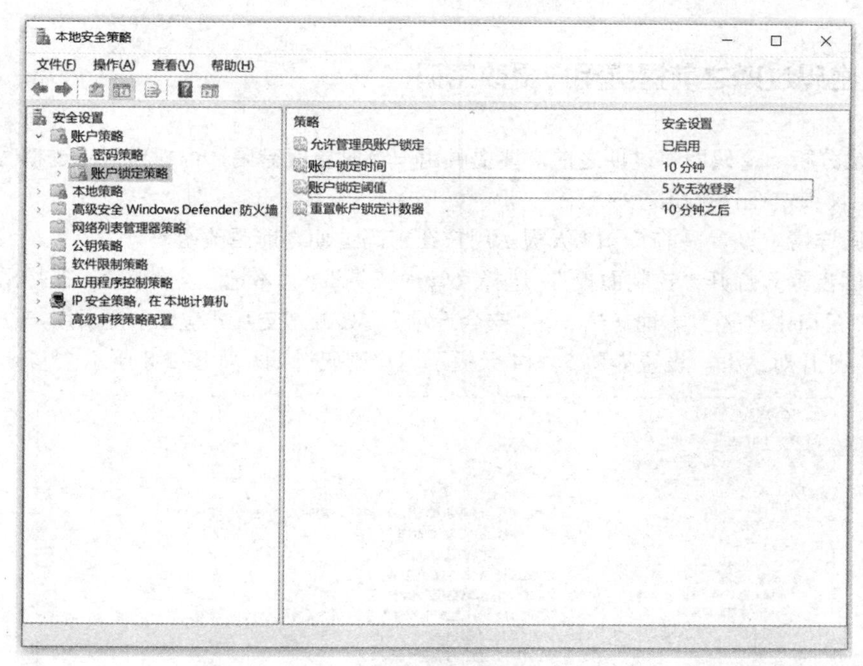

图 2-7 设置账户锁定阈值

2.1.9 确保“计算机账户锁定阈值”设置为“10”或更小的值

风险分析 当计算机受到外部暴力破解攻击时，设置计算机账户锁定阈值可降低系统被攻破的风险。

加固详情 确保“计算机账户锁定阈值”设置为“10”或更小的值，但不可以设置为0。

加固步骤 打开“控制面板”，选择“管理工具”>“本地安全策略”，在弹出的“本地安全策略”窗口中选择“本地策略”>“安全选项”，双击“交互式登录:计算机账户锁定阈值”打开对话框，将无效登录尝试设置为“10”或者更小的值。

2.1.10 确保“重置账户锁定计数器”设置为“15”或更大的值

风险分析 如果用户多次输入错误的密码，他们可能会意外地将自己的账户锁定。为了避免发生意外锁定后无法登录的情况，我们应该设置重置账户锁定计数器。

加固详情 确保“重置账户锁定计数器”设置为“15”或更大的值。

加固步骤 打开“控制面板”，选择“管理工具”>“本地安全策略”，在弹出的“本地安全策略”窗口中选择“账户策略”>“账户锁定策略”，双击“重置账户锁定计数器”打开对话框，将时间设置为“15”或更大的值。

2.1.11　密码过期之前提醒用户更改密码

风险分析　密码即将过期之前需要提醒用户及时更改密码，否则当密码过期时，用户可能会无意中被锁定在计算机之外。

加固详情　设置提前 5～14 天提示用户在密码过期之前更改密码。

加固步骤　打开“控制面板”，选择“管理工具”>“本地安全策略”，在弹出的“本地安全策略”窗口中选择“本地策略”>“安全选项”，双击“交互式登录: 提示用户在过期之前更改密码”打开对话框，设置提前 5～14 天提示用户密码过期，如图 2-8 所示。

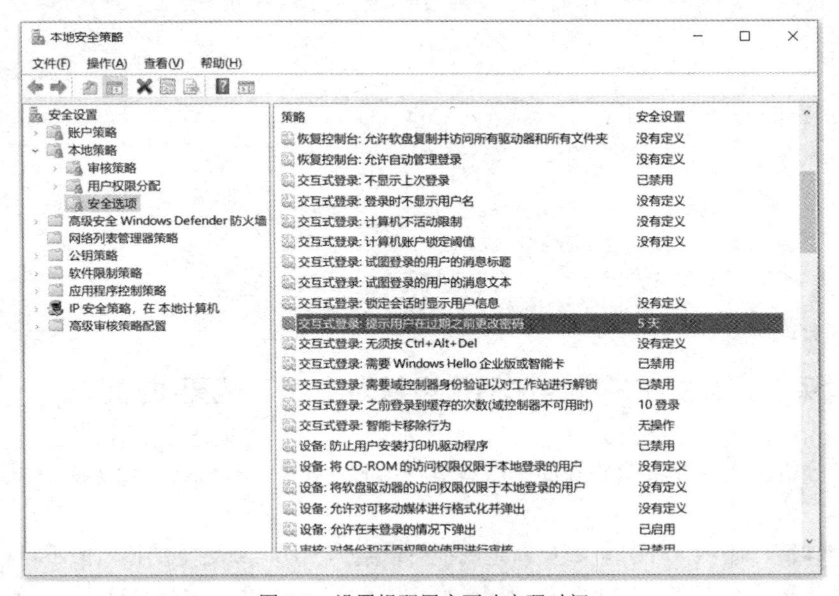

图 2-8　设置提醒用户更改密码时间

2.2　密码策略

每个 Windows 用户都会设置密码，但在默认情况下，Windows 的密码策略不是很安全，比如它没有对密码的最小长度进行限制。许多用户出于方便，往往将密码设置得比较短，这样做是很不安全的，通过对本节的学习，我们可以进一步加强 Windows 操作系统的密码安全性。

2.2.1　启用密码复杂度相关策略

风险分析　简单的密码容易被攻击者猜解，所以用户密码必须满足一定的复杂性要求。

加固详情 确认已启用密码必须符合复杂性要求的相关策略。

加固步骤 打开“控制面板”，选择“管理工具”>“本地安全策略”，在弹出的“本地安全策略”窗口中选择“账户策略”>“密码策略”，确认“密码必须符合复杂性要求”策略已启用，如图 2-9 所示。

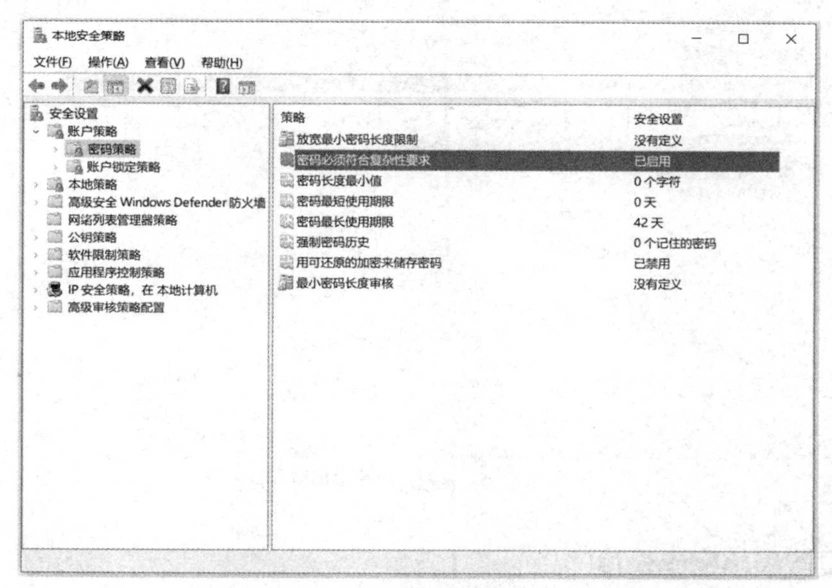

图 2-9 启用“密码必须符合复杂性要求”策略

2.2.2 确保“强制密码历史”设置为“24”或更大的值

风险分析 此策略能够确保近期使用过的旧密码不被连续、重复使用，增强系统安全性。

加固详情 确保近期使用过的旧密码不被连续、重复使用。

加固步骤 打开“控制面板”，选择“管理工具”>“本地安全策略”，在弹出的“本地安全策略”窗口中选择“账户策略”>“密码策略”，双击“强制密码历史”打开对话框，将历史个数设置为“24”或更大的值。

2.2.3 设置密码使用期限

风险分析 假设用户的密码被破解且经常登录，那么该用户的个人隐私就有被泄露的风险，若该用户经常修改密码，那么这种风险就会相应降低很多，可以起到及时止损的作用。

加固详情 设置密码使用期限，提醒用户定期更改密码。

加固步骤 打开“控制面板”，选择“管理工具”>“本地安全策略”，在弹出的“本地安全策略”窗口中选择“账户策略”>“密码策略”，双击“密码最短使用期限”和“密码最长使用期限”，打开对话框，设置数值为1和365，设置密码最长和最短使用期限，如图2-10所示。

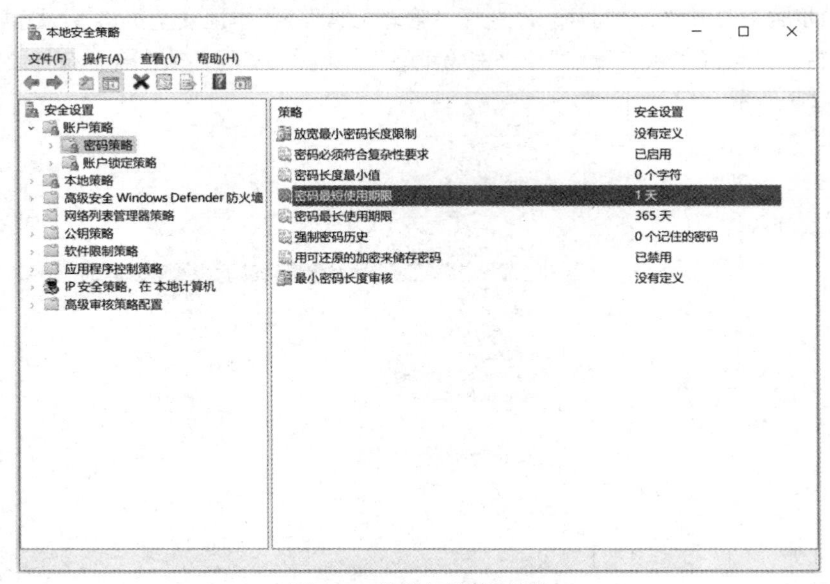

图2-10　设置密码使用期限

2.2.4　设置最小密码长度

风险分析　短密码易被破解，导致系统沦陷。

加固详情　限制密码最小长度，增加攻击者破解难度，提高系统安全性。

加固步骤　打开“控制面板”，选择“管理工具”>“本地安全策略”，在弹出的“本地安全策略”窗口中选择“账户策略”>“密码策略”，双击“密码长度最小值”打开对话框，将最小值设置为“16”并单击“应用”。

2.3　认证授权

登录Windows系统的方式分为本地登录和远程登录。相比本地登录，远程登录的安全风险更大，如果我们配置了错误的策略，我们的计算机将随时面临被攻击者控制的风险。

2.3.1　拒绝Guest、本地账户从网络访问此计算机

风险分析　网络是不安全的，因此应该禁止Guest和本地账户从网络访问计算机，否则将允许用户远程访问和修改数据。在高度安全的环境中，需要严格拒绝用户远程访问计算机上的数据。

加固详情 拒绝 Guest、本地账户从网络访问此计算机。

加固步骤 打开“控制面板”，选择“管理工具”>“本地安全策略”，在弹出的“本地安全策略”窗口中选择“本地策略”>“用户权限分配”，在“拒绝从网络访问这台计算机”选项中添加 Guest、本地账户等需要拒绝的账户。

2.3.2 拒绝 Guest、本地账户通过远程桌面服务登录

风险分析 如果账户非法远程登录计算机，那么未经授权的用户可能下载并运行提升权限的恶意软件。

加固详情 拒绝 Guest、本地账户通过远程桌面服务登录。

加固步骤 打开“控制面板”，选择“管理工具”>“本地安全策略”，在弹出的“本地安全策略”窗口中选择“本地策略”>“用户权限分配”，在“拒绝通过远程桌面服务登录”选项中添加 Guest、本地账户等需要拒绝的账户，如图 2-11 所示。

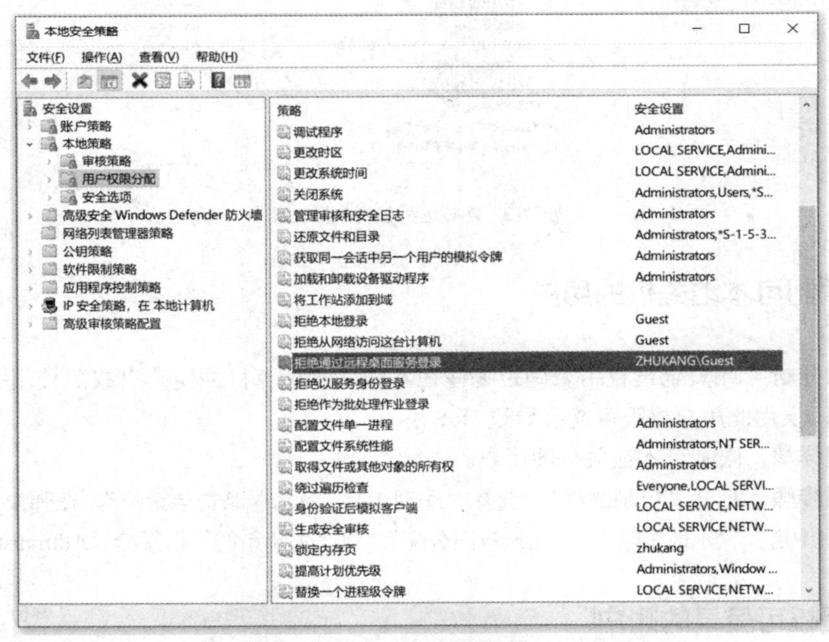

图 2-11 拒绝 Guest、本地账户通过远程桌面服务登录

2.3.3 配置远程强制关机权限

风险分析 此安全设置用来确定允许哪些用户从网络上的远程位置关闭计算机，误用此用户权限可能导致 DoS。

加固详情 配置远程强制关机权限。

加固步骤 打开“控制面板”，选择“管理工具”>“本地安全策略”，在弹出的“本地安全策略”窗口中选择“本地策略”>“用户权限分配”，将“从远程系统强制关机”只指派给“Administrators”组，如图 2-12 所示。

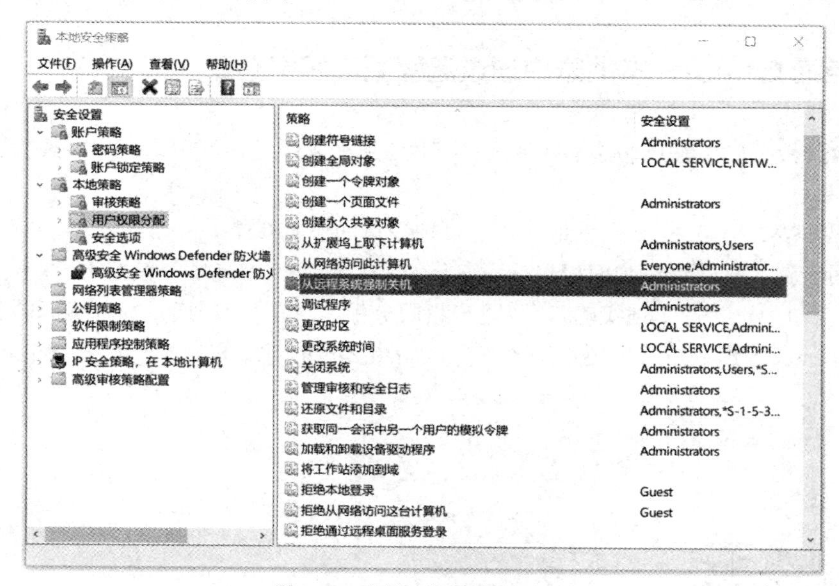

图 2-12 配置远程强制关机权限

2.3.4 限制可本地关机的用户

风险分析 此安全设置用来确定哪些在本地登录计算机的用户有权限使用关机命令关闭操作系统，误用此用户权限可能会导致 DoS。

加固详情 限制可本地关机的用户。

加固步骤 打开“控制面板”，选择“管理工具”>“本地安全策略”，在弹出的“本地安全策略”窗口中选择“本地策略”>“用户权限分配”，将“关闭系统”指派给“Administrators”组。

2.3.5 授权可登录的账户

风险分析 应该严格控制并定期检查允许登录系统的账户，否则某些账户很容易被攻击者利用来攻击系统。

加固详情 授权可登录的账户。

加固步骤

（1）打开“控制面板”，选择“管理工具”>“本地安全策略”，在弹出的“本地安全策略”

窗口中选择“本地策略”>“用户权限分配”，设置“允许本地登录”选项中的账户都为授权账户。

（2）打开“控制面板”，选择“管理工具”>“本地安全策略”，在弹出的“本地安全策略”窗口中选择“本地策略”>“用户权限分配”，设置“从网络访问此计算机”选项中的账户都为授权账户，如图 2-13 所示。

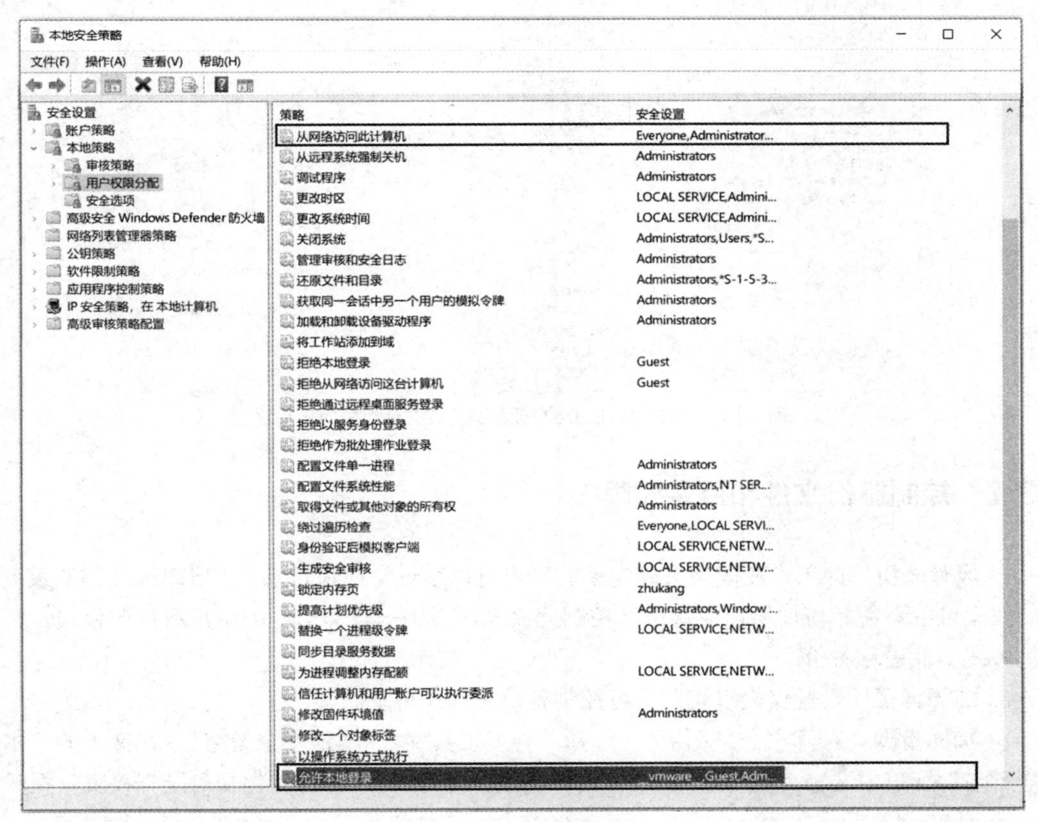

图 2-13 授权可登录的账户

2.3.6 分配用户权限

风险分析 此安全设置用来确定哪些用户可以取得系统中安全对象（包括 Active Directory 对象、文件和文件夹、打印机、注册表项、进程以及线程）的所有权，如果攻击者获得这些对象的权限，则可能对系统造成巨大危害，比如删除注册表、篡改配置文件等。

加固详情 仅向受信任的用户分配文件或其他对象的所有权。

加固步骤 打开“控制面板”，选择“管理工具”>“本地安全策略”，在弹出的“本地安全策略”窗口中选择“本地策略”>“用户权限分配”，将“取得文件或其他对象的所有权”只指派给“Administrators”组，如图 2-14 所示。

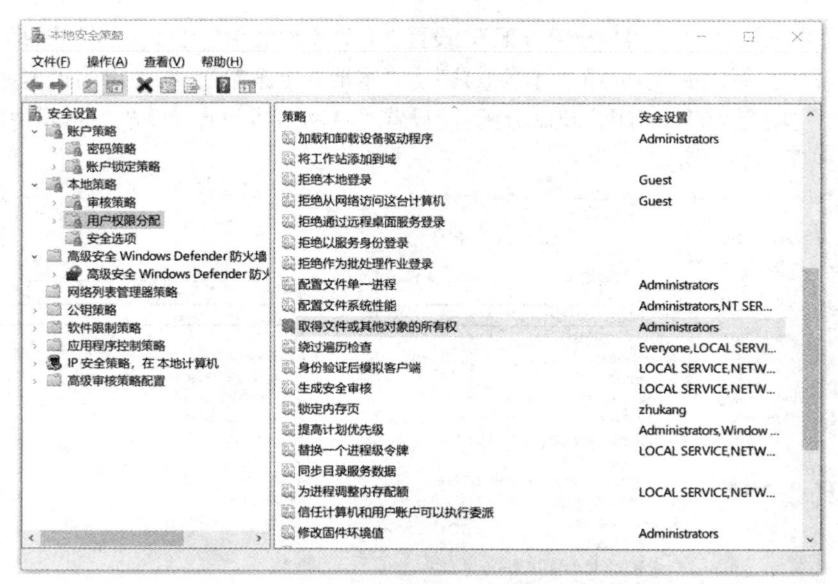

图 2-14 仅向受信任的用户分配文件或其他对象的所有权

2.3.7 控制备份文件和目录权限

风险分析 此用户权限用来确定哪些用户可以绕过文件和目录、注册表以及其他永久对象的权限进行系统备份，所以应该严格控制此权限，否则一旦非信任的用户取得此权限，则可以对系统文件进行备份。

加固详情 设置仅授权管理员可控制备份文件和目录。

加固步骤 打开“控制面板”，选择“管理工具”>“本地安全策略”，在弹出的“本地安全策略”窗口中选择“本地策略”>“用户权限分配”，将“备份文件和目录”权限只指派给“Administrators”组。

2.3.8 控制还原文件和目录权限

风险分析 具有“还原文件和目录”权限的攻击者可以将敏感数据重新存储到计算机并覆盖最新的数据，这可能导致重要数据丢失、数据损坏或 DoS。攻击者可以使用恶意软件来覆盖合法管理员或系统服务使用的可执行文件，从而升级权限、泄露数据或安装用于继续访问计算机的后门。

加固详情 设置仅授权管理员可控制还原文件和目录。

加固步骤 打开“控制面板”，选择“管理工具”>“本地安全策略”，在弹出的“本地安全策略”窗口中选择“本地策略”>“用户权限分配”，将“还原文件和目录”权限只指派给“Administrators”组。

2.3.9 控制管理审核和安全日志权限

风险分析 如果将“管理审核和安全日志”权限赋予非信任的用户，则该用户可以查看和清除安全日志。

加固详情 设置仅授权管理员可控制管理审核和安全日志。

加固步骤 打开“控制面板”，选择“管理工具”>“本地安全策略”，在弹出的“本地安全策略”窗口中选择“本地策略”>“用户权限分配”，将“管理审核和安全日志”只指派给“Administrators”组，如图 2-15 所示。

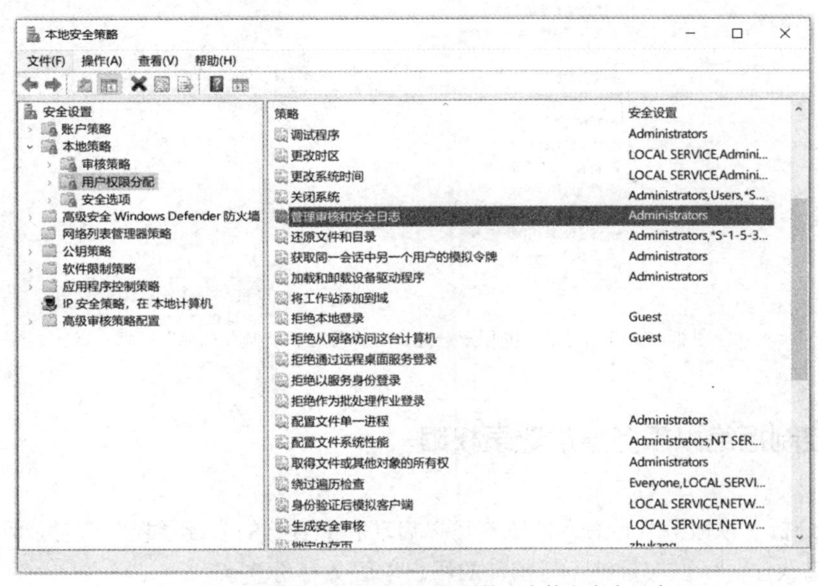

图 2-15 设置仅授权管理员可控制管理审核和安全日志

2.3.10 控制身份验证后模拟客户端权限

风险分析 具有“身份验证后模拟客户端”用户权限的攻击者可以创建服务，欺骗客户端连接到服务，然后模拟该客户端对服务端发起攻击。控制此项权限可以防止未经授权的用户的权限提升至管理级别或系统级别。

加固详情 仅向受信任的用户分配“身份验证后模拟客户端”权限。

加固步骤 打开“控制面板”，选择“管理工具”>“本地安全策略”，在弹出的“本地安全策略”窗口中选择“本地策略”>“用户权限分配”，将“身份验证后模拟客户端”只授权给“Administrators”“LOCAL SERVICE”“NETWORK SERVICE”“SERVICE”，如图 2-16 所示。

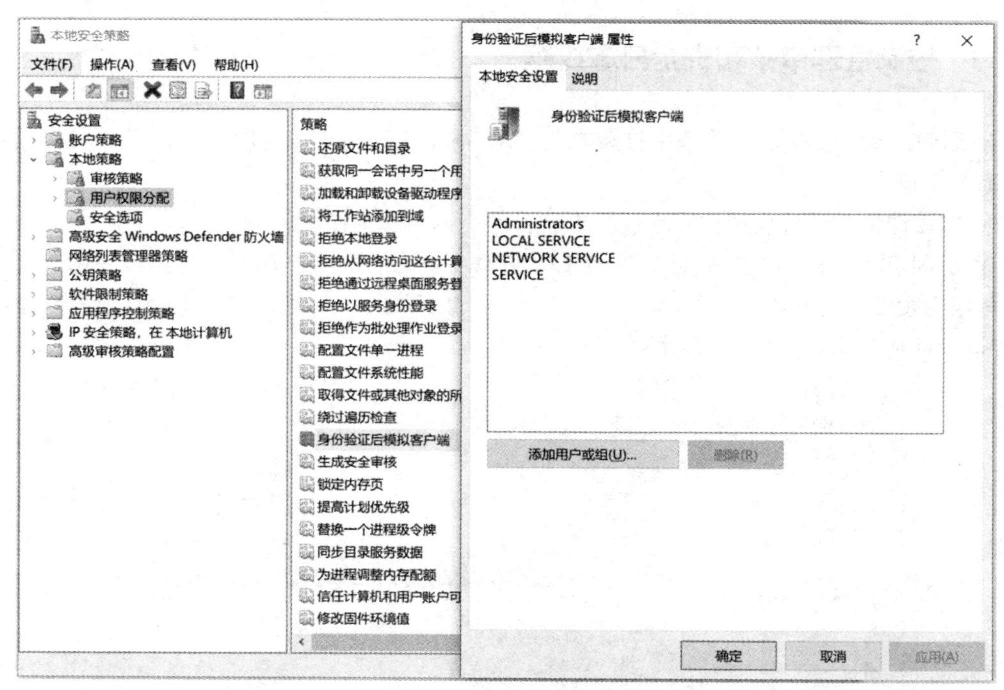

图 2-16　仅向受信任的用户分配“身份验证后模拟客户端”权限

2.3.11　控制拒绝以服务身份登录权限

风险分析　以服务身份登录的账户可以启动和配置新的未经授权的服务，例如键盘记录器或其他恶意软件，所以应拒绝不受信任的用户以服务身份登录。

加固详情　仅向受信任的用户分配“拒绝以服务身份登录”权限。

加固步骤　打开“控制面板”，选择“管理工具”>“本地安全策略”，在弹出的“本地安全策略”窗口中选择“本地策略”>“用户权限分配”，查看选项“拒绝以服务身份登录”中是否包含“Guests”，如果不包含，则添加。

2.4　日志审计

目前 Windows 服务器被攻击者攻击的情况经常发生，我们需要在服务器工作出现异常后，及时定位受到攻击的服务，分析攻击者入侵的手段，找到薄弱点并且加以修复。要应对这种情况，我们需要配置相关的日志。

2.4.1 设置日志存储文件大小

风险分析 设置日志存储文件大小，可避免日志存储文件容量过小导致日志记录不全，从而使重要事件被遗漏。

加固详情 根据磁盘空间设置日志存储文件大小。

加固步骤 打开“控制面板”，选择“管理工具”>“事件查看器”，在弹出的“事件查看器”窗口中选择“Windows 日志”>“应用程序”，单击窗口右侧“属性”，在弹出的“日志属性-应用程序(类型:管理的)”对话框中进行图 2-17 所示的设置。（根据磁盘空间设置日志存储文件大小，记录的日志越多越好。）

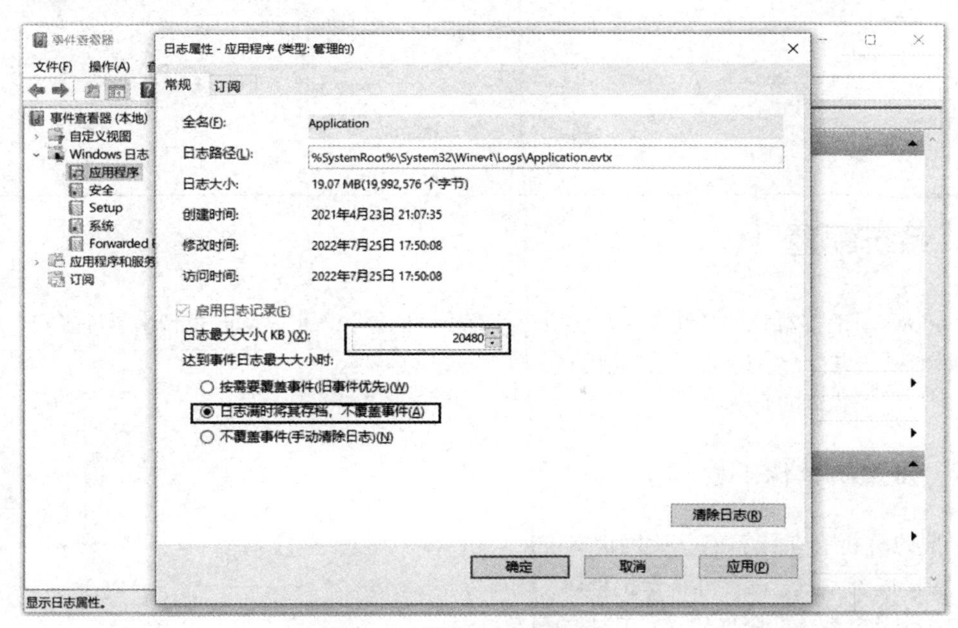

图 2-17 设置日志存储文件大小

2.4.2 配置审核策略

风险分析 通过日志对系统的重要操作进行记录，若系统被攻击，则可以参考日志内容，在尽量短的时间内修复漏洞，同时有利于历史事件的追溯和审计。

加固详情 对审核策略进行配置。

加固步骤 打开“控制面板”，选择“管理工具”>“本地安全策略”，在弹出的“本地安全策略”窗口中选择“本地策略”>“审核策略”，双击右边的策略，进行策略值的设置，具体值如图 2-18 所示。

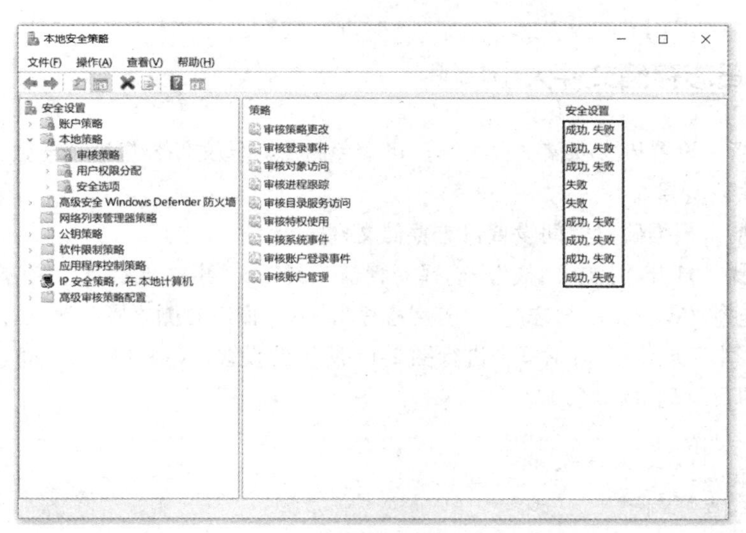

图 2-18　配置审核策略

2.5　系统配置

Windows 拥有多样化的功能，可以让用户拥有更好的体验，但是同时也带来了许多安全漏洞，本节就针对系统进行一系列的配置，让我们在拥有美好体验的同时保证我们的系统安全。

2.5.1　设置屏幕保护程序

风险分析　在计算机非关机状态下，攻击者有机会直接进入系统。设置屏幕保护程序，就可以在一定时间后锁定系统，降低系统被攻击的风险。

加固详情　设置屏幕保护程序。

加固步骤　打开“设置”，选择“个性化”>“锁屏界面”>“屏幕保护程序设置”，在弹出的“屏幕保护程序设置”对话框中设置等待时间为 10 分钟，勾选“在恢复时显示登录屏幕”，单击“确定”，如图 2-19 所示。

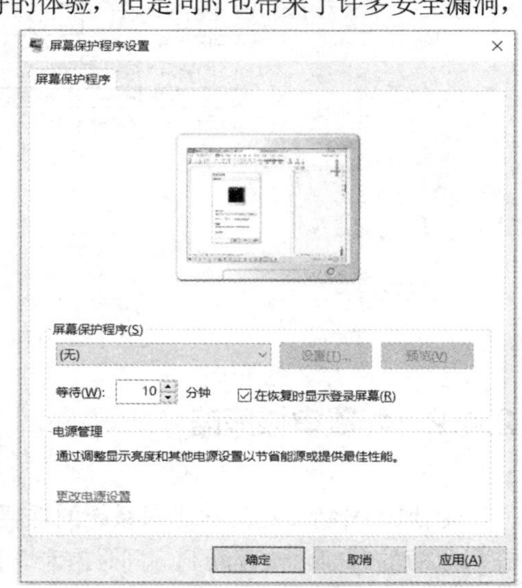

图 2-19　设置屏幕保护程序

2.5.2　安全登录

风险分析　如果在计算机上启用了交互式登录策略，用户无须按 Ctrl+Alt+Del 组合键即可登录。这种情况下，用户很容易受到试图拦截用户密码的攻击。如果要求用户在登录前按 Ctrl+Alt+Del 组合键，则可确保用户在输入其密码时通过可信路径进行通信。

加固详情 登录之前需要按 Ctrl+Alt+Del 组合键。

加固步骤 打开“控制面板”，选择“管理工具”>“本地安全策略”，在弹出的“本地安全策略”窗口中选择“本地策略”>“安全选项”，双击“交互式登录: 无须按 Ctrl+Alt+Del”选项打开对话框，选择“已禁用”，单击“确定”，如图 2-20 所示。

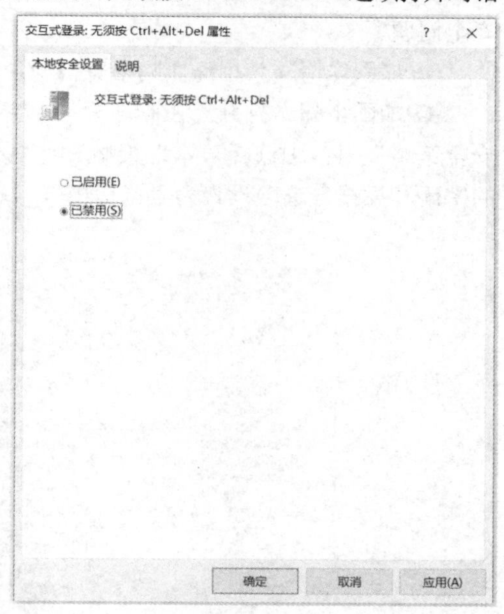

图 2-20 登录之前需要按 Ctrl+Alt+Del 组合键

2.5.3 限制匿名枚举

风险分析 未经授权的用户可以匿名列出账户，并使用该信息来清空已猜测密码或执行社会工程攻击。限制匿名枚举策略用来控制匿名用户枚举账户的能力，即作为 SAM（Security Accounts Manager，安全账户经理）。如果启用此策略，具有匿名连接的用户将无法枚举账户。

加固详情 不允许匿名枚举 SAM 账户；不允许 SAM 账户和共享的匿名枚举；不允许将 Everyone 权限应用于匿名用户。

加固步骤 打开“控制面板”，选择“管理工具”>“本地安全策略”，在弹出的“本地安全策略”窗口中选择“本地策略”>“安全选项”，进行如下设置。

- 将“网络访问:不允许 SAM 账户的匿名枚举”设置为“已启用”。
- 将“网络访问:不允许 SAM 账户和共享的匿名枚举”设置为“已启用”。
- 将“网络访问:将 Everyone 权限应用于匿名用户”设置为“已禁用”。

限制匿名枚举设置结果如图 2-21 所示。

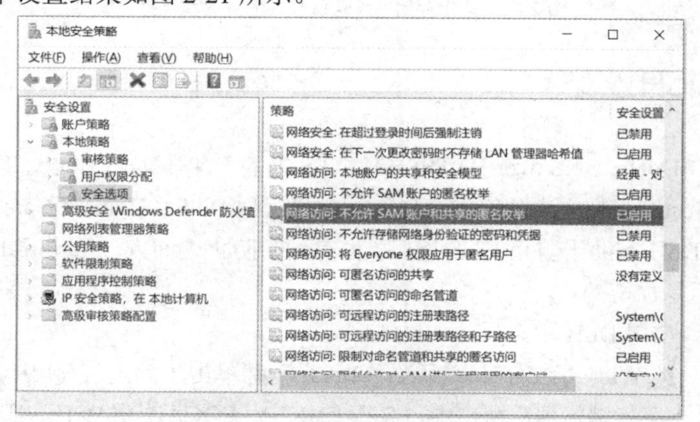

图 2-21 限制匿名枚举设置结果

2.5.4　禁止存储网络身份验证的密码和凭据

风险分析　设置用户登录计算机时可以访问缓存的密码，虽然这样做很方便，但如果用户在不知不觉中执行恶意代码读取密码，并将其转发给另一个未经授权的用户，则可能会出现安全问题。

加固详情　禁止存储网络身份验证的密码和凭据。

加固步骤　打开“控制面板”，选择“管理工具”>“本地安全策略”，在弹出的“本地安全策略”窗口中选择“本地策略”>“安全选项”，将“网络访问：不允许存储网络身份验证的密码和凭据”选项设置为“已启用”，如图 2-22 所示。

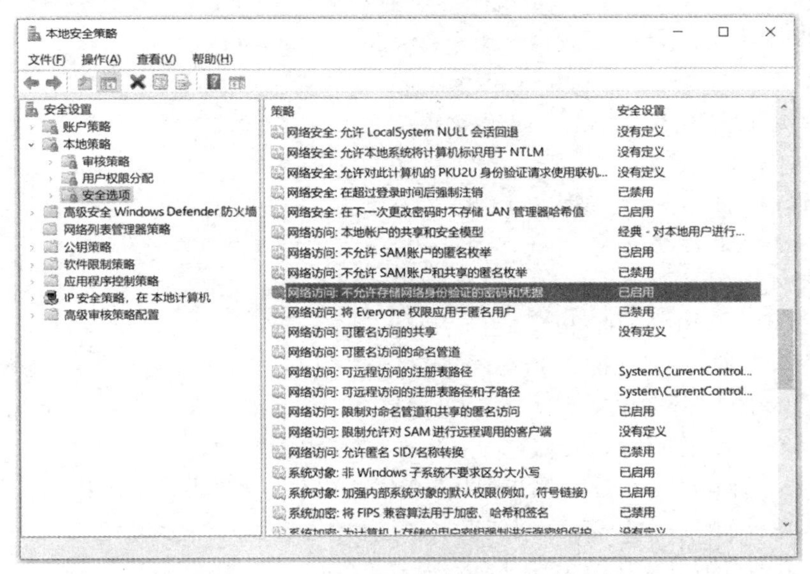

图 2-22　禁止存储网络身份验证的密码和凭据

2.5.5　使用 DoH

风险分析　DoH（DNS over HTTPS，HTTPS 上的 DNS）是一种通过 HTTPS（Hypertext Transfer Protocol Secure，超文本传输安全协议）执行远程 DNS（Domain Name System，域名系统）解析的协议，DoH 有助于防止 DNS 欺骗，也有助于防止中间人（Man-in-the-Middle，MitM）攻击，因为其会话是加密的。

加固详情　使用 DoH。

加固步骤　按 Win+R 组合键，输入“regedit”并单击“确定”，弹出“注册表编辑器”窗口。在弹出的“注册表编辑器”窗口中，选择“HKEY_LOCAL_MACHINE”>“SOFTWARE\

Policies\Microsoft\Windows NT\DNSClient”，双击窗口右边的“DisableSmartNameResolution”，在弹出的对话框中更改“数值数据”为“0”，单击“确定”，如图 2-23 所示。

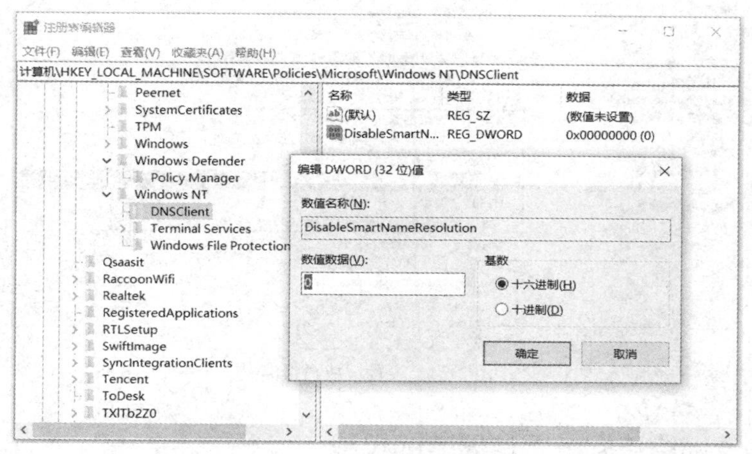

图 2-23　使用 DoH

2.5.6　设置域成员策略

风险分析　当计算机加入域时，会创建一个计算机账户。之后在系统启动时，会使用该计算机账户的密码为计算机所在的域创建一个具有域控制器的安全通道。该安全通道用于执行 NTLM 身份验证、LSA SID/名称查找等操作。如果不对安全通道数据进行加密，容易造成信息泄露，而使用强密钥、定期修改密码则使系统更加安全。

加固详情　设置域成员策略。

加固步骤　打开“控制面板”，选择“管理工具”>“本地安全策略”，在弹出的“本地安全策略”窗口中选择“本地策略”>“安全选项”，域成员策略设置如表 2-1 所示。

表 2-1　域成员策略设置

策略名称	策略值
域成员：对安全通道数据进行数字加密(如果可能)	已启用
域成员：对安全通道数据进行数字加密或数字签名(始终)	已启用
域成员：对安全通道数据进行数字签名(如果可能)	已启用
域成员：计算机账户密码最长使用期限	30 天
域成员：禁用计算机账户密码更改	已禁用
域成员：需要强(Windows 2000 或更高版本)会话密钥	已启用

域成员策略设置完成后如图 2-24 所示。

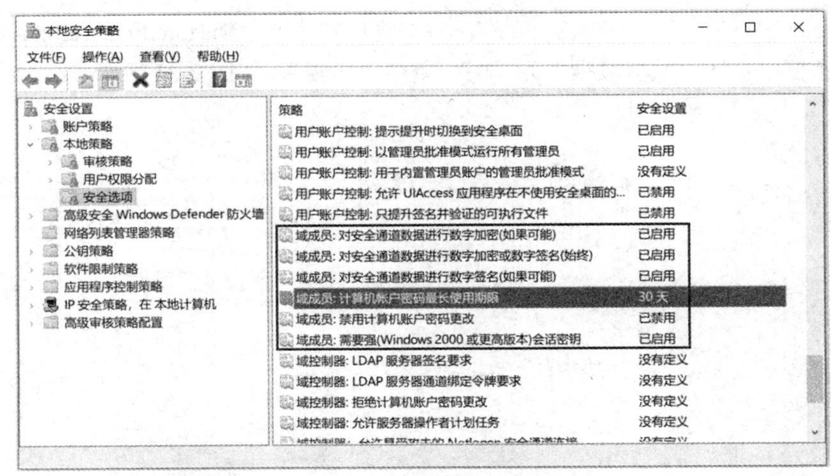

图 2-24 设置域成员策略

2.5.7 控制从网络访问编辑注册表的权限

风险分析 编辑注册表不当可能会严重损坏系统，所以应该严格控制从网络访问编辑注册表的权限。

加固详情 严格控制从网络访问编辑注册表的权限。

加固步骤 打开“控制面板”，选择“管理工具”>“本地安全策略”，在弹出的“本地安全策略”窗口中选择“本地策略”>“安全选项”，设置“网络访问:可远程访问的注册表路径”“网络访问:可远程访问的注册表路径和子路径”选项为以下值，设置完成后如图 2-25 所示。

“网络访问:可远程访问的注册表路径”:

```
System\CurrentControlSet\Control\ProductOptions
System\CurrentControlSet\Control\Server Applications
Software\Microsoft\Windows NT\CurrentVersion
```

“网络访问:可远程访问的注册表路径和子路径”:

```
System\CurrentControlSet\Control\Print\Printers
System\CurrentControlSet\Services\Eventlog
Software\Microsoft\OLAP Server
Software\Microsoft\Windows NT\CurrentVersion\Print
Software\Microsoft\Windows NT\CurrentVersion\Windows
System\CurrentControlSet\Control\ContentIndex
System\CurrentControlSet\Control\Terminal Server
System\CurrentControlSet\Control\Terminal Server\UserConfig
System\CurrentControlSet\Control\Terminal Server\DefaultUserConfiguration
Software\Microsoft\Windows NT\CurrentVersion\Perflib
System\CurrentControlSet\Services\SysmonLog
```

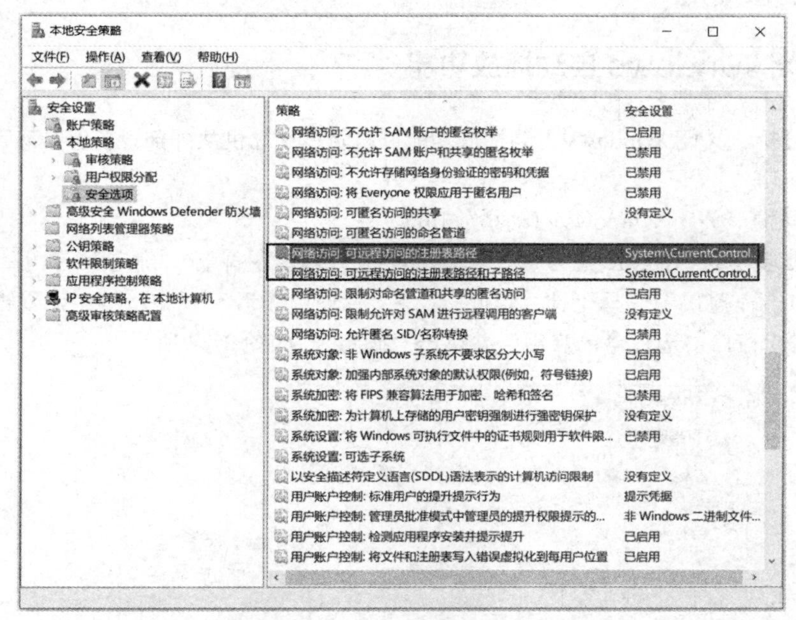

图 2-25 控制从网络访问编辑注册表的权限

2.5.8 控制共享文件夹访问权限

风险分析 设置共享文件夹访问权限为所有人可访问，等于在系统中留下后门，扩大了攻击面，所以应该严格控制其访问权限。

加固详情 严格控制共享文件夹访问权限。

加固步骤 打开“控制面板”，选择“管理工具”>“计算机管理”，在弹出的“计算机管理”窗口中选择“系统工具”>“共享文件夹”>“共享”，查看列出的每个共享文件夹的访问权限，禁止访问权限为 Everyone，如图 2-26 所示。

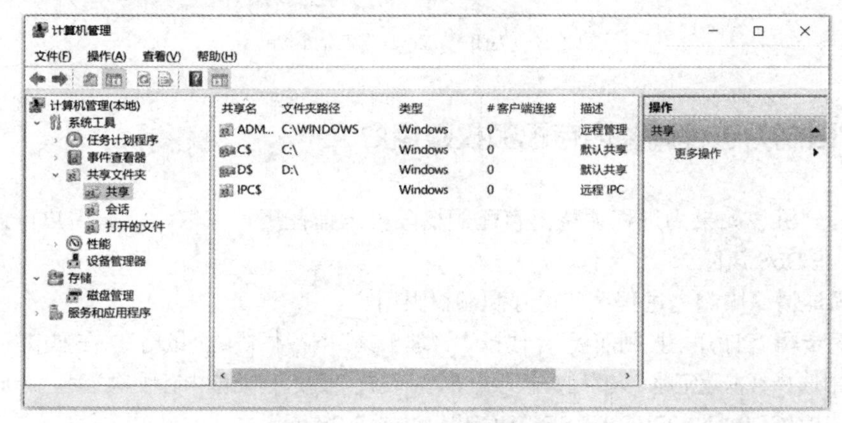

图 2-26 控制共享文件夹访问权限

2.5.9 关闭 Windows 自动播放功能

风险分析　关闭 Windows 自动播放功能可以防止计算机从外部设备感染病毒，降低病毒传播风险。

加固详情　关闭 Windows 自动播放功能。

加固步骤　按 Win+R 组合键，输入“gpedit.msc”并单击“确定”，弹出“本地组策略编辑器”窗口，在窗口中选择“计算机配置”>“管理模板”>“所有设置”，双击“关闭自动播放”弹出对应窗口，选择“已启用”并单击“确定”，如图 2-27 所示。

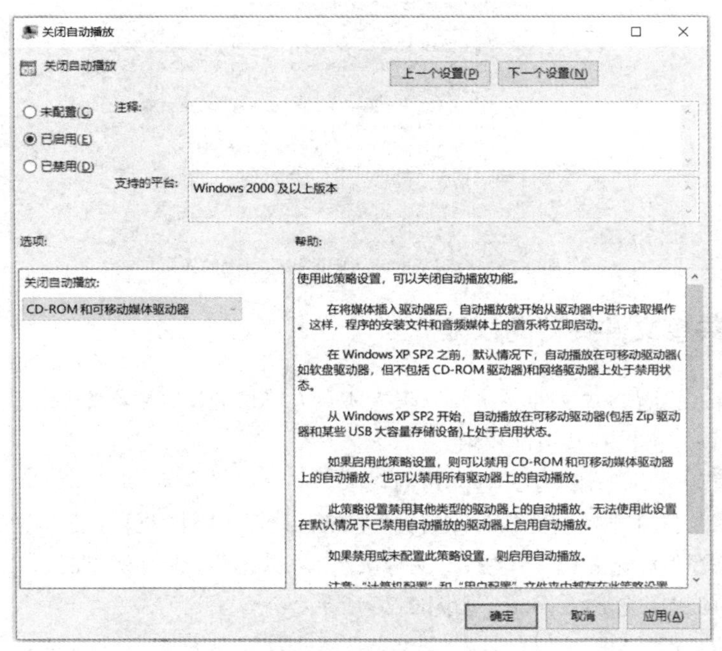

图 2-27　关闭 Windows 自动播放功能

2.5.10 限制为进程调整内存配额权限用户

风险分析　如果为进程调整内存配额权限被未信任用户获取，那么用户可调整进程内存，系统存在 DoS 风险。

加固详情　限制为进程调整内存配额权限用户。

加固步骤　打开“控制面板”，选择“管理工具”>“本地安全策略”，在弹出的“本地安全策略”窗口中选择“本地策略”>“用户权限分配”，设置“为进程调整内存配额”为“Administrators”“LOCAL SERVICE”“NETWORK SERVICE”，如图 2-28 所示。

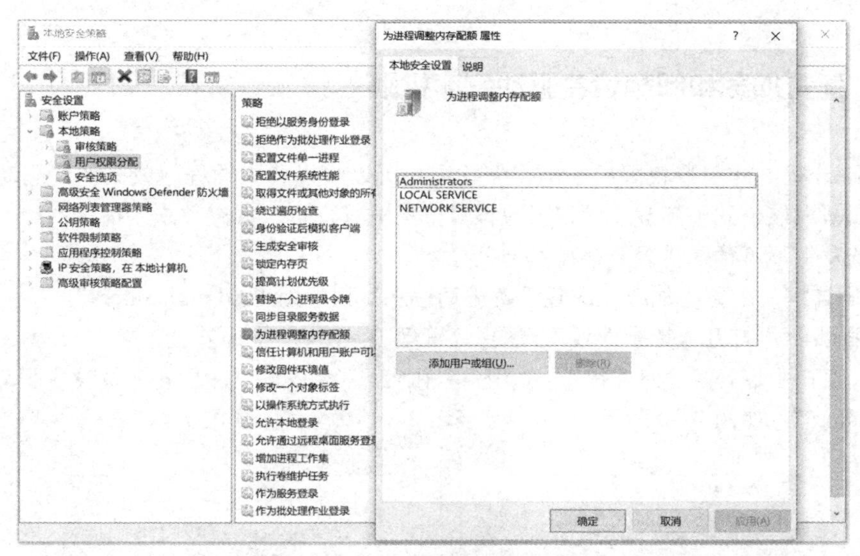

图 2-28 限制为进程调整内存配额权限用户

2.5.11 配置修改固件环境值权限

风险分析 修改固件环境值可能会导致硬件故障，应合理控制该操作的权限。

加固详情 配置“修改固件环境值”权限为“Administrators”。

加固步骤 打开“控制面板”，选择“管理工具”>“本地安全策略”，在弹出的“本地安全策略”窗口中选择“本地策略”>“用户权限分配”，设置“修改固件环境值”为“Administrators”，如图 2-29 所示。

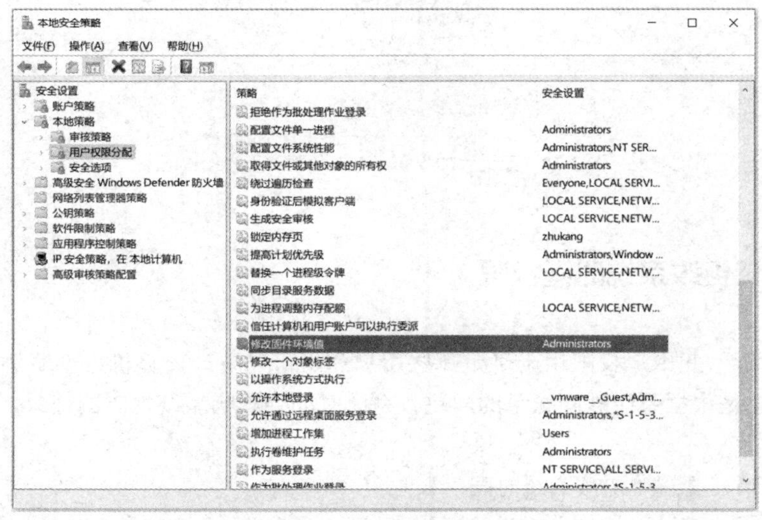

图 2-29 配置“修改固件环境值”权限

2.5.12　配置加载和卸载设备驱动程序权限

风险分析　此用户权限用于确定哪些用户可以将设备驱动程序或其他代码动态加载到内核模式或从内核模式中卸载。此权限应该只分配给管理员，如果被未受信任的用户获取，则可能使系统发生不可预知错误，存在安全风险。

加固详情　配置“加载和卸载设备驱动程序”权限为“Administrators”。

加固步骤　打开“控制面板”，选择“管理工具”>“本地安全策略”，在弹出的“本地安全策略”窗口中选择“本地策略”>“用户权限分配”，设置“加载和卸载设备驱动程序”为“Administrators”，如图 2-30 所示。

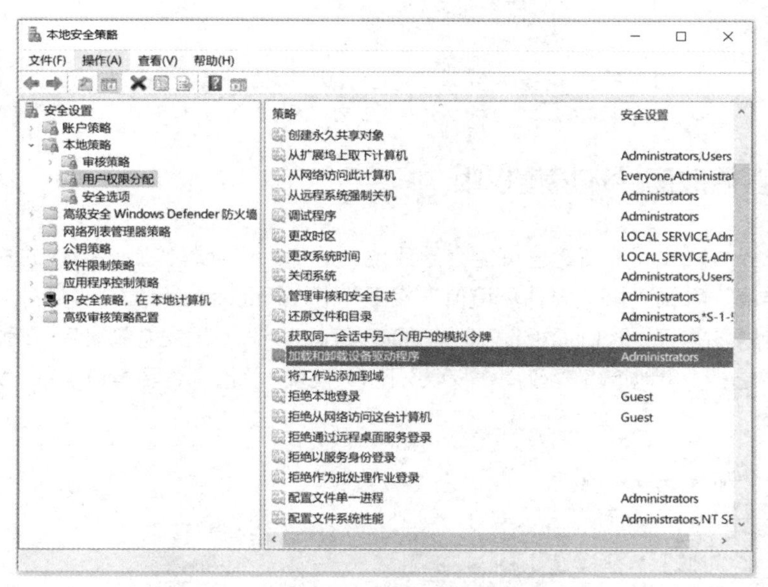

图 2-30　配置“加载和卸载设备驱动程序”权限

2.5.13　配置更改系统时间权限

风险分析　此用户权限用于确定哪些用户和组可以更改计算机内部时钟上的日期和时间。而系统日志是根据系统时间记录的，更改系统时间会影响系统日志的记录，进而影响事后审计。

加固详情　配置“更改系统时间”权限。

加固步骤　打开“控制面板”，选择“管理工具”>“本地安全策略”，在弹出的“本地

安全策略”窗口中选择“本地策略”>“用户权限分配”，设置“更改系统时间”为“Administrators”“LOCAL SERVICE”。

2.5.14 配置更改时区权限

风险分析 更改时区会影响系统时间，而系统日志是根据系统时间记录的，因此更改时区会影响系统日志的记录，进而影响事后审计。

加固详情 配置“更改时区”权限。

加固步骤 打开“控制面板”，选择“管理工具”>“本地安全策略”，在弹出的“本地安全策略”窗口中选择“本地策略”>“用户权限分配”，设置“更改时区”为“Administrators”“LOCAL SERVICE”“Users”，如图 2-31 所示。

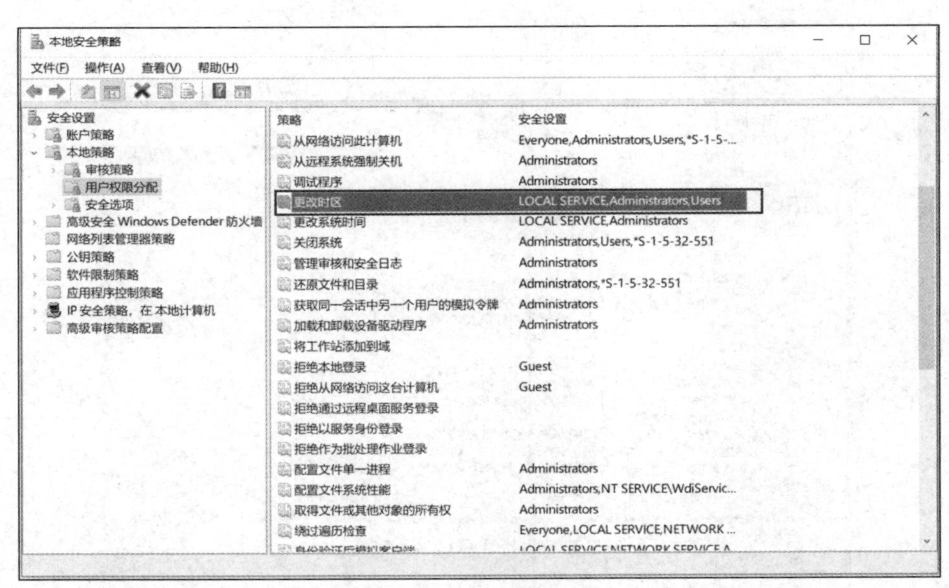

图 2-31 配置“更改时区”权限

2.5.15 配置获取同一会话中另一个用户的模拟令牌权限

风险分析 获取同一会话中另一个用户的模拟令牌时存在信息泄露的风险，需要设置该权限为仅管理员拥有。

加固详情 配置“获取同一会话中另一个用户的模拟令牌”权限。

加固步骤 打开“控制面板”，选择“管理工具”>“本地安全策略”，在弹出的“本地

安全策略”窗口中选择“本地策略”>“用户权限分配”，设置“获取同一会话中另一个用户的模拟令牌”为“Administrators”。

2.5.16　阻止计算机加入家庭组

风险分析　虽然加入域的计算机上的资源无法与家庭组共享，但加入域的计算机上的信息可能会泄露给家庭组中的其他计算机。

加固详情　阻止计算机加入家庭组。

加固步骤　按 Win+R 组合键，输入“gpedit.msc”并单击“确定”，弹出“本地组策略编辑器”窗口，在窗口中选择“计算机配置”>“管理模板”>“Windows 组件”>“家庭组”，如图 2-32 所示，双击“阻止计算机加入家庭组”，在弹出的窗口中选择“已启用”，单击“确定”。

图 2-32　阻止计算机加入家庭组

2.5.17　阻止用户和应用程序访问危险网站

风险分析　此项配置可以防止计算机遭受外部钓鱼攻击。

加固详情　阻止用户和应用程序访问危险网站。

加固步骤　按 Win+R 组合键，输入“gpedit.msc”并单击“确定”，弹出“本地组策略编辑器”窗口，在窗口中选择“计算机配置”>“管理模板”>“Windows 组件”>“Windows Defender 防病毒”>“Windows Defender 攻击保护”>“网络保护”，双击“阻止用户和应用访问危险网站”，在弹出的窗口中选择“已启用”，在“选项”下拉菜单中选择“阻止”，单击“确定”，如图 2-33 所示。

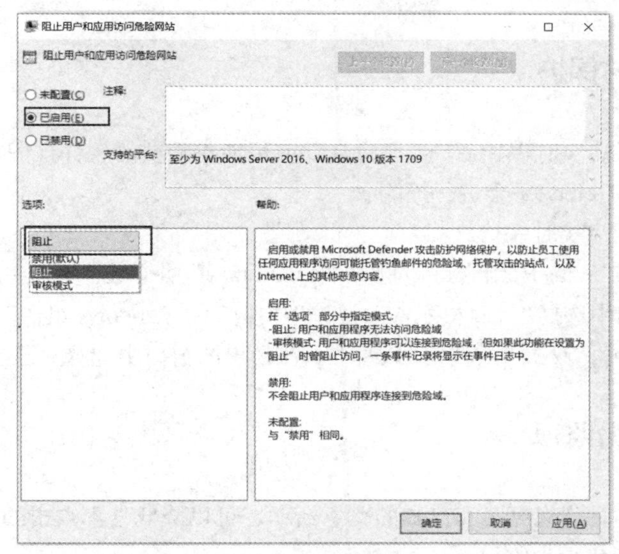

图 2-33 阻止用户和应用程序访问危险网站

2.5.18 扫描所有下载文件和附件

风险分析 病毒往往来源于网络，扫描所有下载文件和附件，可以降低主机受感染的风险。

加固详情 扫描所有下载文件和附件。

加固步骤 按 Win+R 组合键，输入“gpedit.msc”并单击“确定”，弹出“本地组策略编辑器”窗口，在窗口中选择“计算机配置”>“管理模板”>“Windows 组件”>“Windows Defender 防病毒”>“实时保护”，双击“扫描所有下载文件和附件”，如图 2-34 所示，在弹出的窗口中选择“已启用”，单击“确定”。

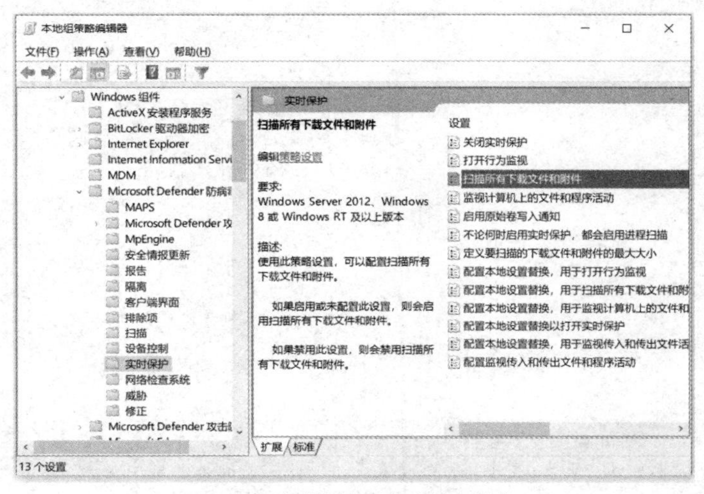

图 2-34 扫描所有下载文件和附件

2.5.19　开启实时保护

风险分析　开启实时保护后，当恶意软件或可能不需要的软件试图自行安装或在计算机上运行时，Microsoft Defender 会进行提醒。

加固详情　开启实时保护。

加固步骤　按 Win+R 组合键，输入“gpedit.msc”并单击“确定”，弹出“本地组策略编辑器”窗口，在窗口中选择“计算机配置”>“管理模板”>“Windows 组件”>“Windows Defender 防病毒”>“实时保护”，双击“关闭实时保护”，在弹出的窗口中选择“已禁用”，单击“确定”。

2.5.20　开启行为监视

风险分析　实时监视可疑和已知的恶意活动，可以降低外部攻击的风险。

加固详情　开启行为监视。

加固步骤　按 Win+R 组合键，输入“gpedit.msc”并单击“确定”，弹出“本地组策略编辑器”窗口，在窗口中选择“计算机配置”>“管理模板”>“Windows 组件”>“Windows Defender 防病毒”>“实时保护”，双击“打开行为监视”，在弹出的窗口中选择“已启用”，单击“确定”，如图 2-35 所示。

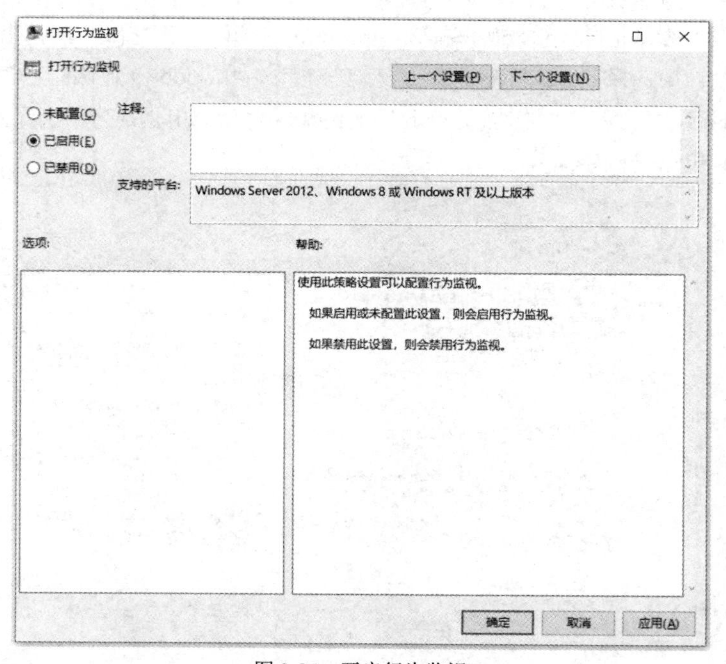

图 2-35　开启行为监视

2.5.21 扫描可移动驱动器

风险分析 可移动驱动器可能包含从外部非托管计算机带入的恶意软件，所以应该始终保持扫描可移动驱动器。

加固详情 扫描可移动驱动器。

加固步骤 按 Win+R 组合键，输入“gpedit.msc”并单击“确定”，弹出“本地组策略编辑器”窗口，在窗口中选择“计算机配置”>“管理模板”>“Windows 组件”>“Windows Defender 防病毒”>“扫描”，双击“扫描可移动驱动器”，在弹出的窗口中选择“已启用”，单击“确定”。

2.5.22 开启自动下载和安装更新

风险分析 保证系统的更新，可以减少安全漏洞的存在，防止外部利用旧版本软件漏洞攻击系统。

加固详情 开启自动下载和安装更新。

加固步骤 按 Win+R 组合键，输入“gpedit.msc”并单击“确定”，弹出“本地组策略编辑器”窗口，在窗口中选择“计算机配置”>“管理模板”>“Windows 组件”>“应用商店”，双击“关闭自动下载和安装更新”，如图 2-36 所示，在弹出的窗口中选择“已禁用”，单击“确定”。

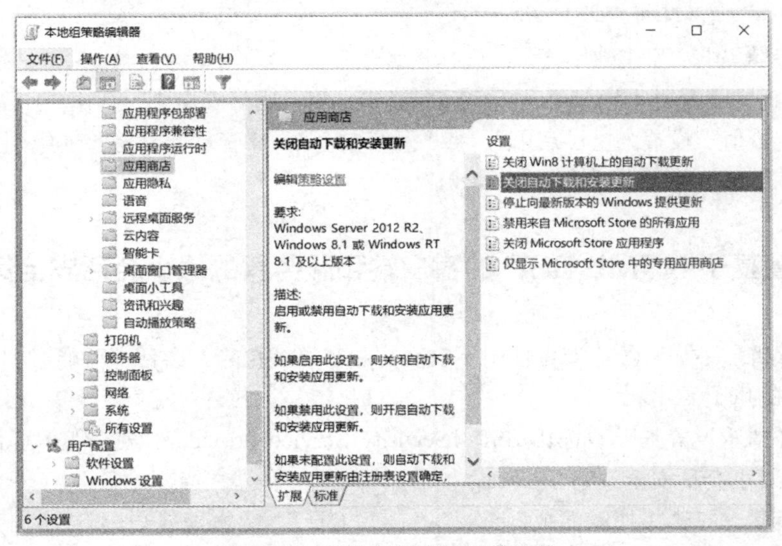

图 2-36 开启自动下载和安装更新

2.5.23 防止绕过 Windows Defender SmartScreen

风险分析 如果网站有潜在恶意，Windows Defender SmartScreen 就会发出警告。如果绕过这些警告，那么系统可能面临被恶意攻击的风险。

加固详情 防止绕过 Windows Defender SmartScreen。

加固步骤 按 Win+R 组合键，输入“gpedit.msc”并单击“确定”，弹出“本地组策略编辑器”窗口，在窗口中选择“计算机配置”>“管理模板”>“Windows 组件”>“Windows Defender SmartScreen”>“Microsoft Edge”，双击“阻止绕过 Windows Defender SmartScreen”，在弹出的窗口中选择“已启用”，单击“确定”。

2.6 网络安全

随着网络攻击和数据泄露事件的增多，保护 Windows 主机的网络安全变得越来越重要。本节将介绍 Windows 主机的网络安全，并提供一些安全配置，以确保我们的数据和业务得到保护。

2.6.1 LAN 管理器配置

风险分析 由于 LAN（Local Area Network，局域网）管理器哈希值存储在本地计算机的安全数据库中，因此，一旦安全数据库受到攻击，密码便会泄露。

加固详情 LAN 管理器配置。

加固步骤 打开“控制面板”，选择“管理工具”>“本地安全策略”，在弹出的“本地安全策略”窗口中选择“本地策略”>“安全选项”，将“网络安全:在下一次更改密码时不存储 LAN 管理器哈希值”设置为“已启用”，将“网络安全:LAN 管理器身份验证级别”设置为“仅发送 NTLMv2 响应。拒绝 LM 和 NTLM(&)”。

2.6.2 设置基于 NTML SSP 的客户端和服务器的最小会话安全策略

风险分析 不加密传输或者使用不安全的加密算法传输，会话都可能会被拦截、篡改，存在信息泄露的风险。

加固详情 设置基于 NTML SSP（Security Service Provider，安全服务提供者）的客户端和服务器的最小会话安全策略。

加固步骤 打开“控制面板”，选择“管理工具”>“本地安全策略”，在弹出的“本地安全策略”窗口中选择“本地策略”>“安全选项”，将“网络安全:基于 NTLM SSP 的(包括安全 RPC)客户端的最小会话安全”设置为“要求 NTLMv2 会话安全”“要求 128 位加密”，将“网络安全:基于 NTLM SSP 的(包括安全 RPC)服务器的最小会话安全”设置为“要求 NTLMv2 会话安全”“要求 128 位加密”。

2.6.3 设置 LDAP 客户端签名

风险分析 设置 LDAP（Lightweight Directory Access Protocol，轻量目录访问协议）客户端签名可以保证请求的完整性，防止被篡改。

加固详情 设置 LDAP 客户端签名。

加固步骤 打开“控制面板”，选择“管理工具”>“本地安全策略”，在弹出的“本地安全策略”窗口中选择“本地策略”>“安全选项”，将“网络安全:LDAP 客户端签名要求”设置为“协商签名”。

2.6.4 登录时间到期时强制注销

风险分析 登录时间到期后如果不强制注销用户，可能让攻击者在系统中留下永久后门。

加固详情 登录时间到期时强制注销。

加固步骤 打开“控制面板”，选择“管理工具”>“本地安全策略”，在弹出的“本地安全策略”窗口中选择“本地策略”>“安全选项”，将“网络安全:在超过登录时间后强制注销”设置为“已启用”。

2.6.5 禁止 LocalSystem NULL 会话回退

风险分析 此策略用于确定当 NTLM（New Technology LAN Manager，问询/应答身份验证协议）与 LocalSystem 一起使用时，是否允许 NTLM 回退到 NULL 会话。而 NULL 会话未经身份验证，是不安全的，应该禁止。

加固详情 禁止 LocalSystem NULL 会话回退。

加固步骤 打开“控制面板”，选择“管理工具”>“本地安全策略”，在弹出的“本地安全策略”窗口中选择“本地策略”>“安全选项”，将“网络安全:允许 LocalSystem NULL 会话回退”设置为“已禁用”。

2.6.6 禁止 PKU2U 身份验证请求使用联机标识

风险分析 PKU2U（Public Key Cryptography User-to-User，基于用户到用户的公钥加密）协议是一种对等身份验证协议，进行 PKU2U 身份验证请求时使用联机标识是不安全的，身份容易被伪造，从而绕过验证。

加固详情 禁止 PKU2U 身份验证请求使用联机标识。

加固步骤 打开“控制面板”，选择“管理工具”>“本地安全策略”，在弹出的“本地安全策略”窗口中选择“本地策略”>“安全选项”，将“网络安全:允许对此计算机的 PKU2U 身份验证请求使用联机标识”设置为“已禁用”。

2.6.7　配置 Kerberos 允许的加密类型

风险分析　使用安全的加密算法可以保证会话安全，密钥为 128 位以上的 AES（Advanced Encryption Standard，高级加密标准）加密算法是安全的，可用于 Kerberos。

加固详情　配置 Kerberos 允许的加密类型。

加固步骤　打开“控制面板”，选择“管理工具”>“本地安全策略”，在弹出的“本地安全策略”窗口中选择“本地策略”>“安全选项”，将“网络安全:配置 Kerberos 允许的加密类型”设置为“AES128_HMAC_SHA1”“AES256_HMAC_SHA1”“将来的加密类型”。

2.6.8　允许本地系统将计算机标识用于 NTLM

风险分析　NTLM 身份验证时，系统可以使用 NULL 会话或计算机标识。当使用 NULL 会话连接时，将创建一个系统生成的会话密钥，该密钥不提供任何保护，但允许应用程序对数据进行签名和加密而不会出错。当使用计算机标识连接时，支持签名和加密，以提供数据保护。所以应该允许本地系统将计算机标识用于 NTLM。

加固详情　允许本地系统将计算机标识用于 NTLM。

加固步骤　打开“控制面板”，选择“管理工具”>“本地安全策略”，在弹出的“本地安全策略”窗口中选择“本地策略”>“安全选项”，将“网络安全:允许本地系统将计算机标识用于 NTLM”设置为“已启用”，如图 2-37 所示。

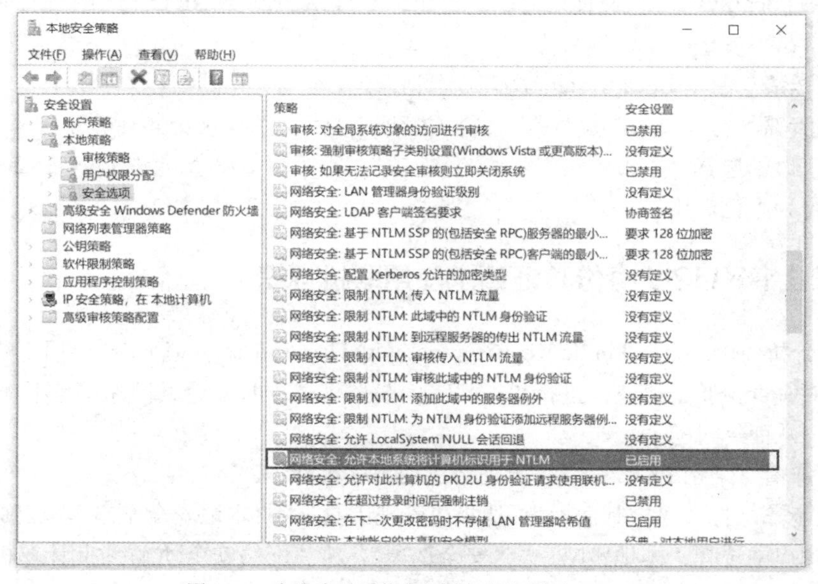

图 2-37　允许本地系统将计算机标识用于 NTLM

2.7 本地安全策略

Windows 安全策略是指一系列的计算机系统设置，用于确保对计算机和数据的保护。这些设置包括密码策略、用户权限、文件共享、网络安全等多个方面。本节将介绍 Windows 本地安全策略设置的方法。

2.7.1 设置提高计划优先级权限

风险分析 具有此用户权限的用户可以将进程的调度优先级提高到“实时”，这将为其他所有进程留下很短的处理时间，并可能导致 DoS 攻击。

加固详情 设置“提高计划优先级”权限。

加固步骤 打开“控制面板”，选择“管理工具”>“本地安全策略”，在弹出的“本地安全策略”窗口中选择“本地策略”>“用户权限分配”，设置“提高计划优先级”为仅授权给“Administrators”“Window Manager\Window Manager Group”，如图 2-38 所示。

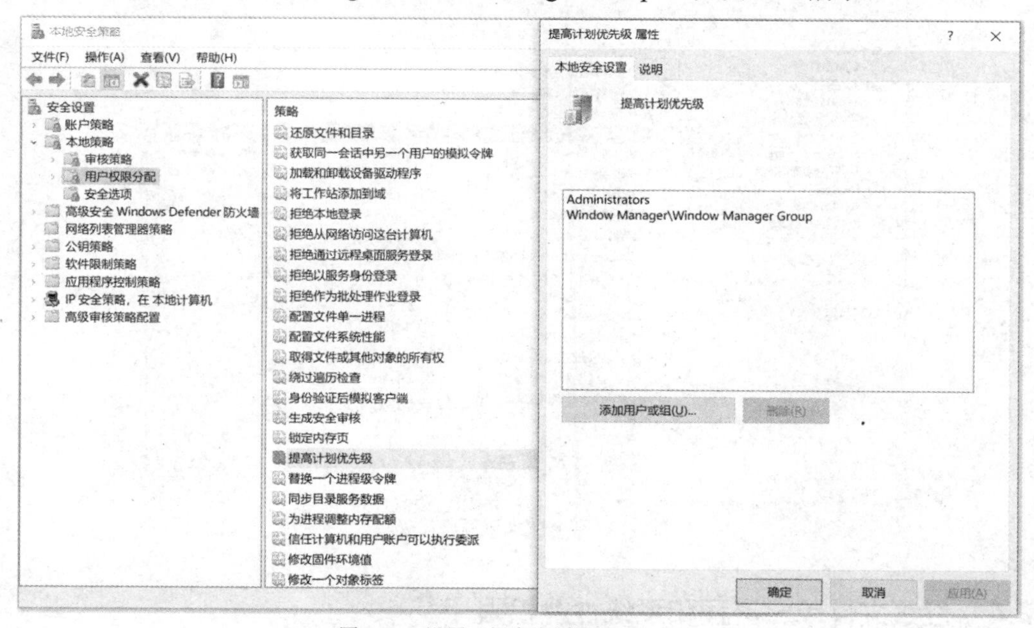

图 2-38 设置“提高计划优先级”权限

2.7.2 设置创建符号链接权限

风险分析 具有“创建符号链接”用户权限的用户可能会无意或恶意地将系统暴露于符号

链接攻击范围中。符号链接攻击可用于更改文件的权限、损坏数据、破坏数据或作为 DoS 攻击。

加固详情　设置“创建符号链接”权限。

加固步骤　打开“控制面板”，选择“管理工具” > “本地安全策略”，在弹出的“本地安全策略”窗口中选择“本地策略” > “用户权限分配”，设置“创建符号链接”为仅授权给“Administrators”。

2.7.3　设置调试程序权限

风险分析　攻击者可以利用“调试程序”用户权限从系统内存中捕获计算机敏感信息，或者访问和修改内核或应用程序结构，所以应该严格控制此权限。

加固详情　设置“调试程序”权限。

加固步骤　打开“控制面板”，选择“管理工具” > “本地安全策略”，在弹出的“本地安全策略”窗口中选择“本地策略” > “用户权限分配”，设置“调试程序”为仅授权给“Administrators”，如图 2-39 所示。

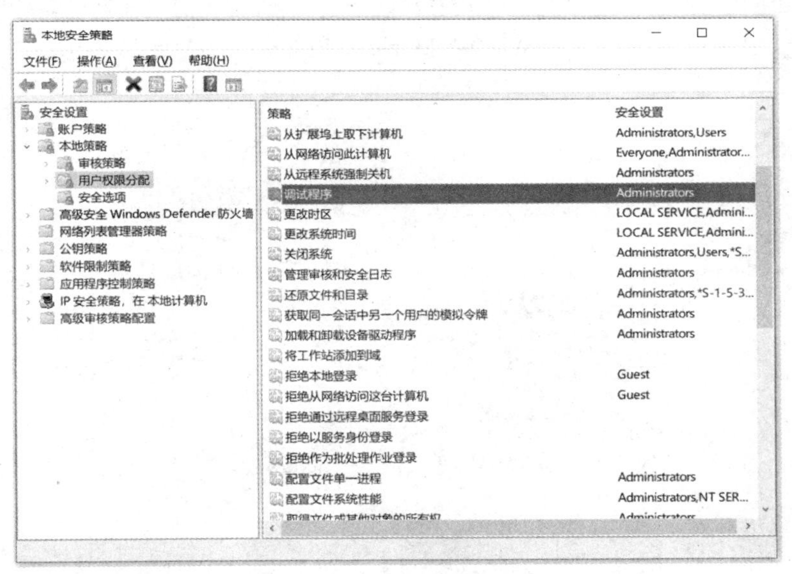

图 2-39　设置“调试程序”权限

2.7.4　设置文件单一进程和系统性能权限

风险分析　具有此用户权限的攻击者可以监视计算机的性能，以帮助他们识别可以直接攻击的关键进程；还可以据此确定计算机上的哪些进程处于活动状态，从而进行下一步动作，比如绕过防火墙。

加固详情 设置确定哪些用户可以使用性能监视工具来监视非系统进程的性能。

加固步骤 打开“控制面板”，选择“管理工具”>“本地安全策略”，在弹出的“本地安全策略”窗口中选择“本地策略”>“用户权限分配”，设置“配置文件单一进程”为仅授权给“Administrators”，设置“配置文件系统性能”为仅授权给“Administrators”“NT SERVICE\WdiServiceHost”。

2.7.5 设置创建永久共享对象权限

风险分析 具有“创建永久共享对象”用户权限的用户可以创建新的共享对象并向网络公开敏感数据。

加固详情 设置“创建永久共享对象”权限。

加固步骤 打开“控制面板”，选择“管理工具”>“本地安全策略”，在弹出的“本地安全策略”窗口中选择“本地策略”>“用户权限分配”，删除“创建永久共享对象”选项中的值，如图 2-40 所示。

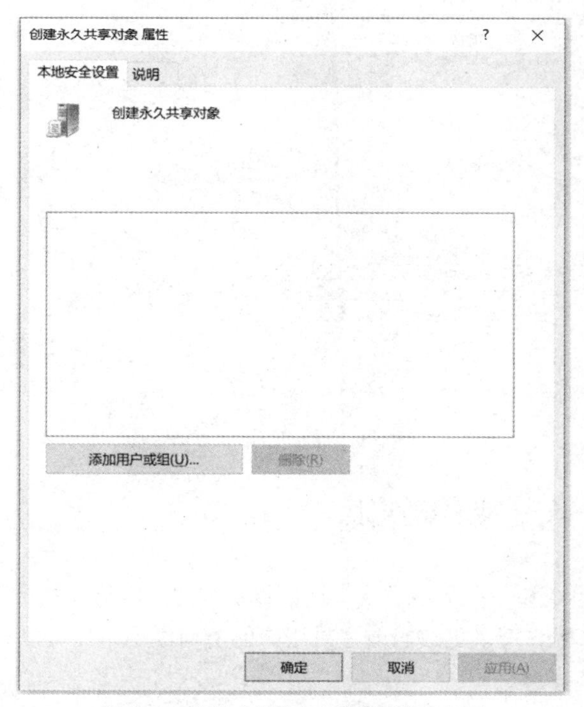

图 2-40 设置“创建永久共享对象”权限

2.7.6 设置创建全局对象权限

风险分析 赋予用户“创建全局对象”权限可能会导致各种问题，例如应用程序故障、数据损坏和权限提升，还可能会影响在其他用户或系统账户下运行的 Windows 服务和进程。

加固详情　设置“创建全局对象”权限。

加固步骤　打开“控制面板”，选择“管理工具”>“本地安全策略”，在弹出的“本地安全策略”窗口中选择“本地策略”>“用户权限分配”，设置“创建全局对象”为仅授权给“Administrators”“LOCAL SERVICE”“NETWORK SERVICE”“SERVICE”，如图 2-41 所示。

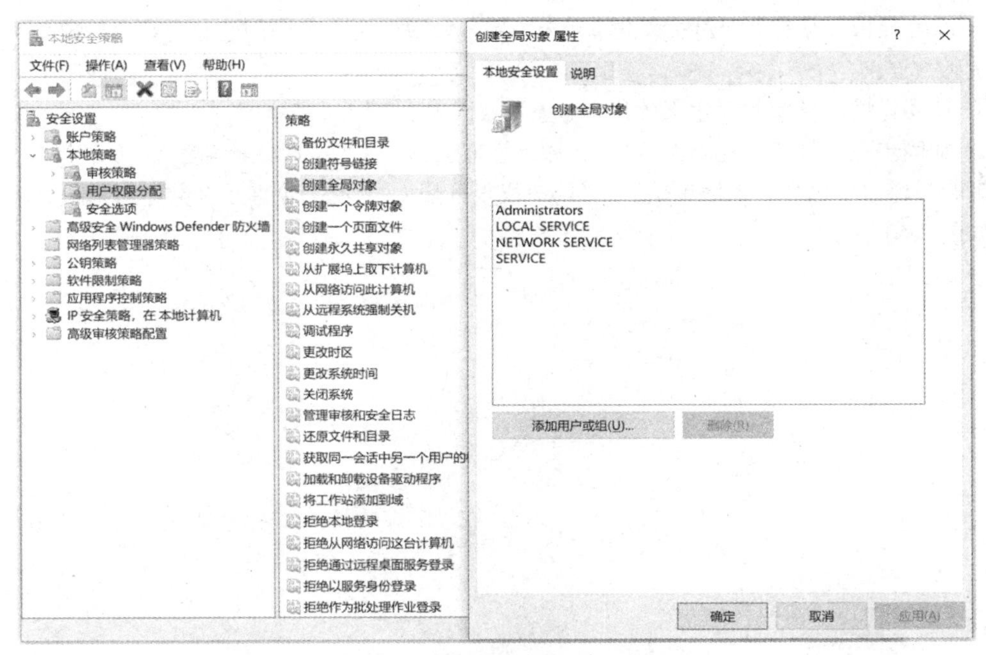

图 2-41　设置“创建全局对象”权限

2.7.7　设置创建一个令牌对象权限

风险分析　访问令牌是在用户登录本地计算机或通过网络连接到远程计算机时生成的，能够创建或修改令牌的用户可以更改当前登录账户的访问级别，还可以升级自己的权限、控制系统。

加固详情　设置“创建一个令牌对象”权限。

加固步骤　打开“控制面板”，选择“管理工具”>“本地安全策略”，在弹出的“本地安全策略”窗口中选择“本地策略”>“用户权限分配”，删除“创建一个令牌对象”选项中的值。

2.7.8 设置执行卷维护任务权限

风险分析 具有“执行卷维护任务”用户权限的用户可以浏览磁盘，还可以将文件扩展到包含其他数据的内存中。当打开扩展的文件时，用户可能会读取和修改获得的数据，也可能会删除卷，导致数据丢失或 DoS。

加固详情 设置“执行卷维护任务”权限。

加固步骤 打开“控制面板”，选择“管理工具”>“本地安全策略”，在弹出的“本地安全策略”窗口中选择“本地策略”>“用户权限分配”，设置“执行卷维护任务”为仅授权给“Administrators”，如图 2-42 所示。

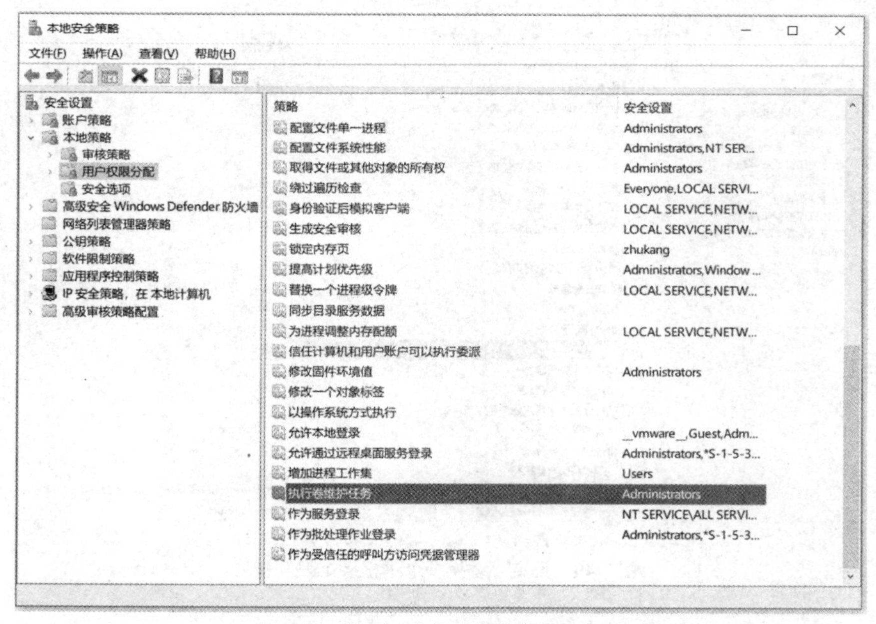

图 2-42 设置“执行卷维护任务”权限

2.7.9 设置拒绝作为批处理作业登录权限

风险分析 对不可信账户赋予“作为批处理作业登录”权限，这些账户可能会安排消耗过多系统资源的作业，从而导致 DoS，存在安全风险。

加固详情 设置“拒绝作为批处理作业登录”权限。

加固步骤 打开“控制面板”，选择“管理工具”>“本地安全策略”，在弹出的“本地安全策略”窗口中选择“本地策略”>“用户权限分配”，设置“拒绝作为批处理作业登录”为“Guests”。

2.7.10　设置替换一个进程级令牌权限

风险分析　具有“替换一个进程级令牌”权限的用户可以作为已知的其他用户启动进程，从而在计算机上隐藏未经授权的操作，绕过安全日志的审计。

加固详情　设置“替换一个进程级令牌”权限。

加固步骤　打开“控制面板”，选择“管理工具” > “本地安全策略”，在弹出的“本地安全策略”窗口中选择“本地策略” > “用户权限分配”，设置“替换一个进程级令牌”为仅授权给“LOCAL SERVICE”“NETWORK SERVICE”，如图 2-43 所示。

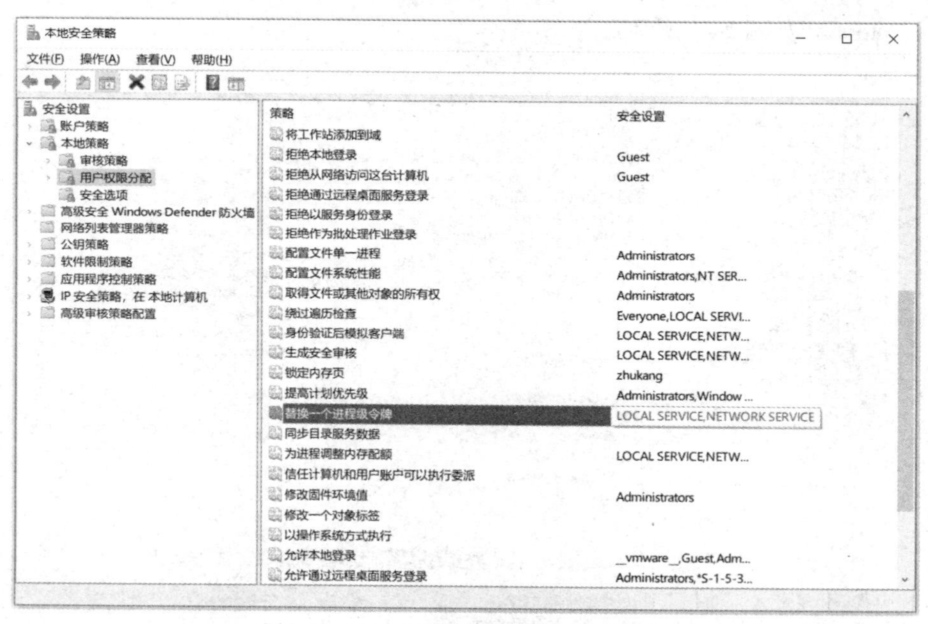

图 2-43　设置“替换一个进程级令牌”权限

2.7.11　Microsoft 网络客户端安全配置

风险分析　服务器消息块（Server Message Block，SMB）协议为 Microsoft 文件和打印共享以及许多其他网络操作（如远程 Windows 管理）提供了基础。但是如果设置不当，可能存在中间人攻击、敏感信息泄露、DoS 等风险。

加固详情　对 Microsoft 网络客户端进行安全配置。

加固步骤

（1）打开“控制面板”，选择“管理工具” > “本地安全策略”，在弹出的“本地安全策略”窗口中选择“本地策略” > “安全选项”，设置“Microsoft 网络客户端：对通信进行数字签名(如果服务器允许)”为“已启用”。

（2）打开“控制面板”，选择“管理工具”>“本地安全策略”，在弹出的“本地安全策略”窗口中选择“本地策略”>“安全选项”，设置“Microsoft 网络客户端: 对通信进行数字签名(始终)”为“已启用”。

（3）打开“控制面板”，选择“管理工具”>“本地安全策略”，在弹出的“本地安全策略”窗口中选择“本地策略”>“安全选项”，设置“Microsoft 网络客户端: 将未加密的密码发送到第三方 SMB 服务器”为“已禁用”。

Microsoft 网络客户端安全配置如图 2-44 所示。

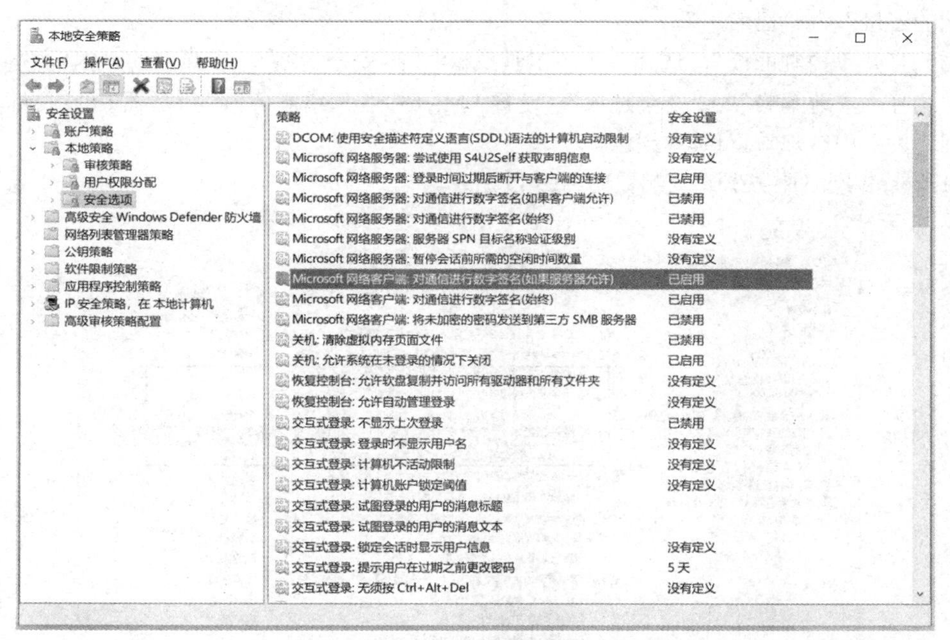

图 2-44 Microsoft 网络客户端安全配置

2.7.12 Microsoft 网络服务器安全配置

风险分析 SMB 协议为 Microsoft 文件和打印共享以及许多其他网络操作（如远程 Windows 管理）提供了基础。但是如果设置不当，可能存在中间人攻击、敏感信息泄露、DoS 等风险。

加固详情 对 Microsoft 网络服务器进行安全配置。

加固步骤

（1）打开“控制面板”，选择“管理工具”>“本地安全策略”，在弹出的“本地安全策略”窗口中选择“本地策略”>“安全选项”，设置“Microsoft 网络服务器: 暂停会话前所需的空闲时间数量”为“小于 15 分钟”。

（2）打开“控制面板”，选择“管理工具”>“本地安全策略”，在弹出的“本地安全策略”窗口中选择“本地策略”>“安全选项”，设置“Microsoft 网络服务器：对通信进行数字签名(如果客户端允许)”为“已启用”。

（3）打开“控制面板”，选择“管理工具”>“本地安全策略”，在弹出的“本地安全策略”窗口中选择“本地策略”>“安全选项”，设置“Microsoft 网络服务器：对通信进行数字签名(始终)”为“已启用”。

（4）打开“控制面板”，选择“管理工具”>“本地安全策略”，在弹出的“本地安全策略”窗口中选择“本地策略”>“安全选项”，设置“Microsoft 网络服务器：登录时间过期后断开与客户端的连接”为“已启用”。

（5）打开“控制面板”，选择“管理工具”>“本地安全策略”，在弹出的“本地安全策略”窗口中选择“本地策略”>“安全选项”，设置“Microsoft 网络服务器：服务器 SPN 目标名称验证级别”为“由客户端提供时接受”。

Microsoft 网络服务器安全配置如图 2-45 所示。

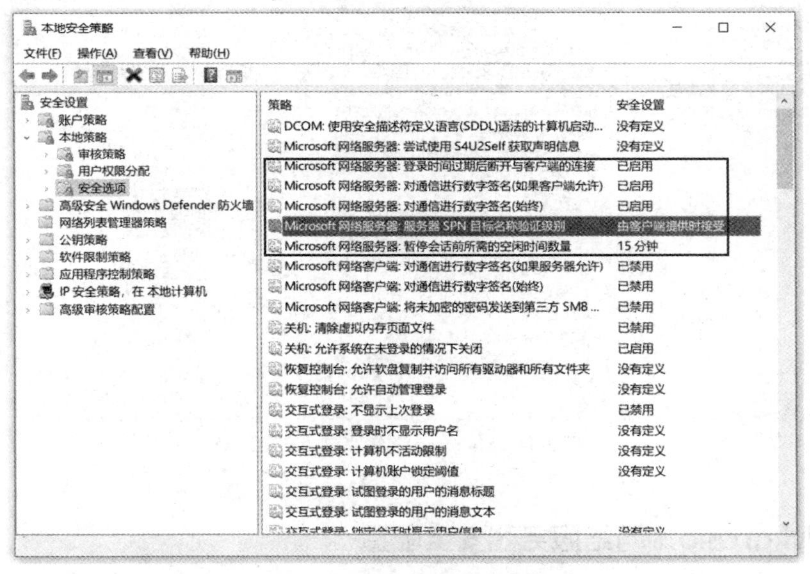

图 2-45　Microsoft 网络服务器安全配置

2.7.13　禁止将 Everyone 权限应用于匿名用户

风险分析　未经授权的用户可以匿名列出账户名和共享资源，并使用这些信息尝试猜测密码、进行社会工程攻击或发起 DoS 攻击。

加固详情　禁止将 Everyone 权限应用于匿名用户。

加固步骤　打开“控制面板”，选择“管理工具”>“本地安全策略”，在弹出的“本地

安全策略”窗口中选择“本地策略”>“安全选项”，设置“网络访问：将 Everyone 权限应用于匿名用户”为“已禁用”。

2.7.14 禁止设置匿名用户可以访问的网络共享

风险分析 此安全设置用于确定匿名用户可以访问哪些网络共享，如果设置不当，可能会导致敏感数据泄露或损坏，建议将其设置为空。

加固详情 禁止设置匿名用户可以访问的网络共享。

加固步骤 打开“控制面板”，选择“管理工具”>“本地安全策略”，在弹出的“本地安全策略”窗口中选择“本地策略”>“安全选项”，设置“网络访问：可匿名访问的共享”值为空，如图 2-46 所示。

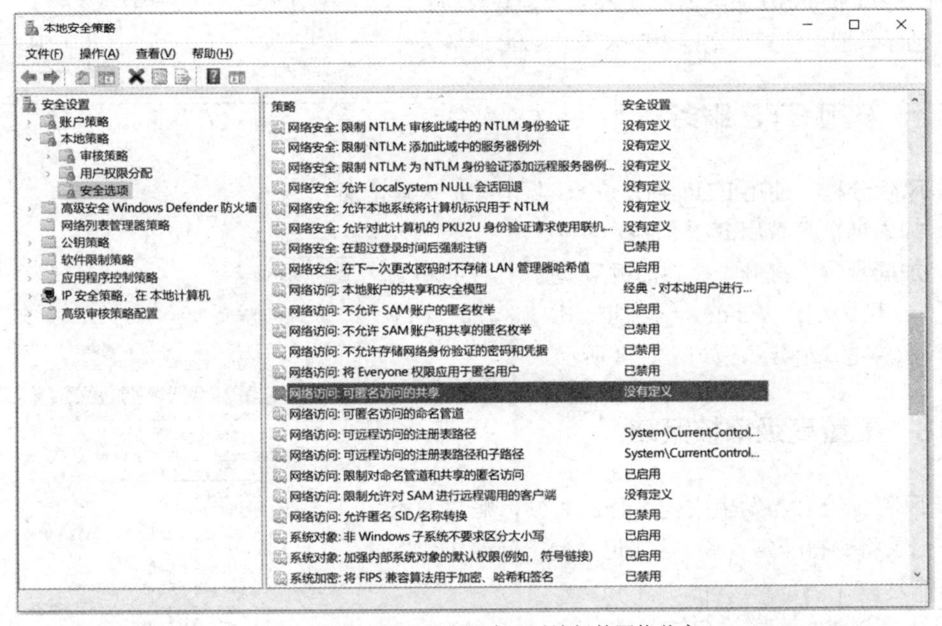

图 2-46 禁止设置匿名用户可以访问的网络共享

2.7.15 控制应用程序安装

风险分析 当检测到需要提升权限的应用程序安装包时，系统会提示用户输入管理员的用户名和密码。如果用户输入了有效凭据，此操作将以适用的权限继续。这样做可以有效防止恶意软件的安装。

加固详情 控制应用程序安装。

加固步骤 打开“控制面板”，选择“管理工具”>“本地安全策略”，在弹出的“本地

安全策略”窗口中选择“本地策略”>“安全选项”，设置“用户账户控制：检测应用程序安装并提示提升”为“已启用”。

2.7.16 禁用 sshd 服务

风险分析 基于 SSH 协议的服务，通过不安全的网络在两个不受信任的主机之间提供安全的加密通信，扩大了攻击面，存在安全风险。

加固详情 禁用 sshd 服务。

加固步骤 打开“设置”，选择“应用”>“可选功能”，在“已安装功能”处搜索“ssh”，如果搜索结果中存在“OpenSSH 服务器”，则单击“卸载”，如图 2-47 所示，搜索结果为空则表明未安装 sshd 服务。

图 2-47 禁用 sshd 服务

2.7.17 禁用 FTP 服务

风险分析 使用 FTP 存在安全风险，会扩大攻击面。

加固详情 禁用 FTP 服务。

加固步骤 打开“控制面板”，选择“程序和功能”>“启用或关闭 Windows 功能”，取消勾选“FTP 服务器”，单击“确定”，如图 2-48 所示。

图 2-48 禁用 FTP 服务

2.7.18 配置高级审核策略

风险分析 当发生安全事件的时候，账户的相关操作记录将变得非常重要，这些记录便于问题定位以及快速修复。

加固详情 配置高级审核策略。

加固步骤 打开“控制面板”，选择“管理工具”>“本地安全策略”，在弹出的“本地安全策略”窗口中选择“高级审核策略配置”>“系统审核策略-本地组策略对象”，设置如下项，如图 2-49 所示。

- 账户登录。
  修改“审核凭据验证”为“成功”“失败”。
- 账户管理。
  修改“审核应用程序组管理”为“成功”“失败”；修改“审核安全组管理”为包含“成功”；修改“审核用户账户管理”为“成功”“失败”。

- 详细跟踪。

  修改“审核 PNP 活动”为包含“成功”；修改“审核进程创建”为包含“成功”。

- 登录/注销。

  修改“审核账户锁定”为包含“失败”；修改“审核组成员身份”为包含“成功”；修改“审核注销”为包含“成功”；修改“审核登录”为“成功”“失败”；修改“审核其他登录/注销事件”为“成功”“失败”；修改“审核特殊登录”为包含“成功”。

- 对象访问。

  修改“审核详细的文件共享”为包含“失败”；修改“审核文件共享”为“成功”“失败”；修改“审核其他对象访问事件”为“成功”“失败”；修改“审核可移动存储”为“成功”“失败”。

- 策略更改。

  修改“审核审核策略更改”为包含“成功”；修改“审核身份验证策略更改”为包含“成功”；修改“审核授权策略更改”为包含“成功”；修改“审核 MPSSVC 规则级别策略更改”为“成功”“失败”；修改“审核其他策略更改事件”为包含“失败”。

- 特权使用。

  修改“审核敏感权限使用”为“成功”“失败”。

- 系统。

  修改“审核 IPsec 驱动程序”为“成功”“失败”；修改“审核其他系统事件”为“成功”“失败”；修改“审核安全状态更改”为包含“成功”；修改“审核安全系统扩展”为包含“成功”；修改“审核系统完整性”为“成功”“失败”。

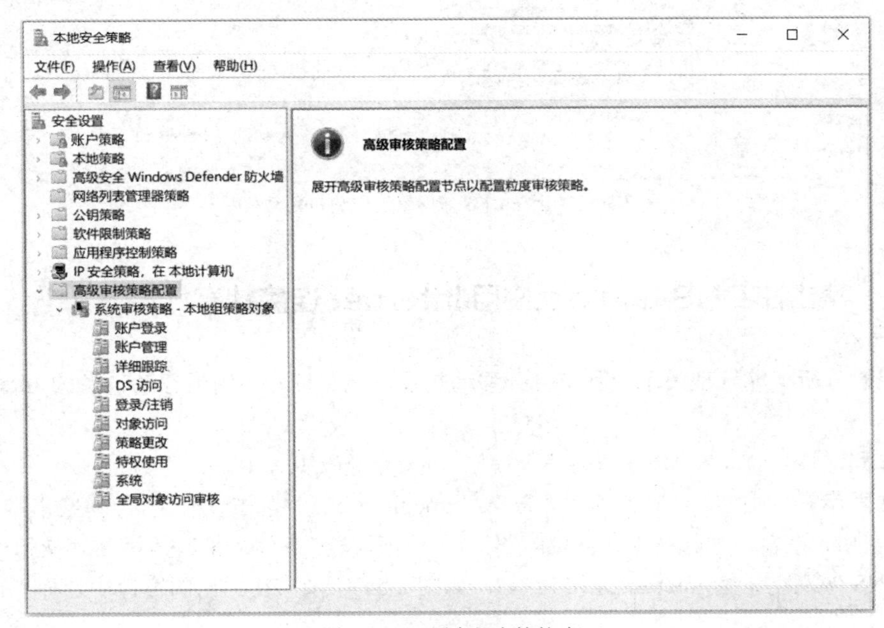

图 2-49 配置高级审核策略

2.7.19　禁止在 DNS 域网络上安装和配置网桥

风险分析　需要将网络流量控制在仅授权的路径上，允许用户创建网桥会提高桥接网络的风险和扩大攻击面。

加固详情　禁止在 DNS 域网络上安装和配置网桥。

加固步骤　按 Win+R 组合键，输入“gpedit.msc”并单击“确定”，弹出“本地组策略编辑器”窗口，在窗口中选择“计算机配置”>“管理模板”>“网络”>“网络连接”，双击“禁止在你的 DNS 域网络上安装和配置网桥”，如图 2-50 所示，在弹出的窗口中选择“已启用”，单击“确定”。

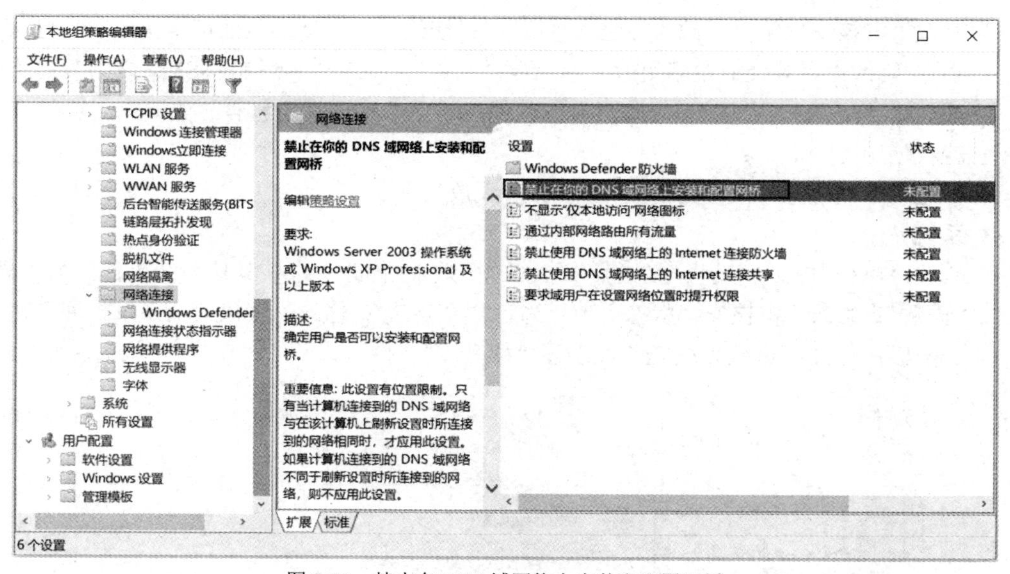

图 2-50　禁止在 DNS 域网络上安装和配置网桥

2.7.20　禁止在 DNS 域网络上使用 Internet 连接共享

风险分析　非管理员不应具有打开移动热点功能和打开与附近移动设备的 Internet 连接的权限。

加固详情　禁止在 DNS 域网络上使用 Internet 连接共享。

加固步骤　按 Win+R 组合键，输入“gpedit.msc”并单击“确定”，弹出“本地组策略编辑器”窗口，在窗口中选择“计算机配置”>“管理模板”>“网络”>“网络连接”，双击“禁止使用 DNS 域网络上的 Internet 连接共享”，如图 2-51 所示，在弹出的窗口中选择“已启用”，单击“确定”。

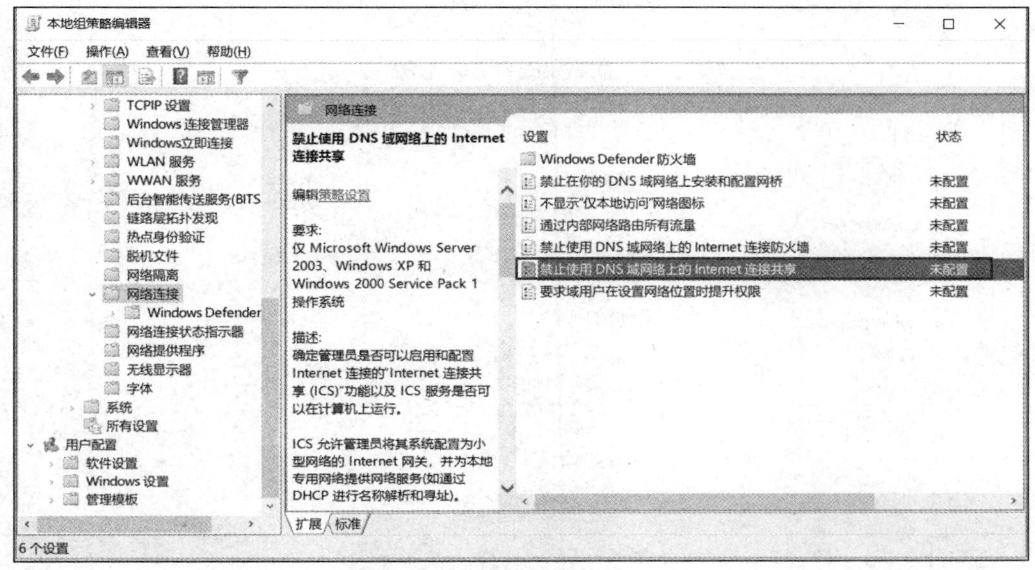

图 2-51　禁止使用 DNS 域网络上的 Internet 连接共享

2.8　Windows Defender 防火墙

Windows Defender 是 Windows 主机防火墙，它可以通过配置入站和出站规则筛选允许从网络进入设备的网络流量，并控制允许设备发送到网络的网络流量。

2.8.1　开启 Windows Defender 防病毒功能

风险分析　当病毒文件侵入系统后，用户可能是识别不出的，Microsoft Defender 防病毒是 Windows 10 自带的功能，可以实时保护我们的系统不被病毒攻击。

加固详情　开启 Microsoft Defender 防病毒功能。

加固步骤

（1）打开“设置”，选择“更新和安全”>“Windows 安全中心”，在窗口右侧找到并单击“打开 Windows 安全中心”。

（2）在弹出的“Windows 安全中心”窗口左侧，单击 ≡ 按钮，然后找到“病毒和威胁防护”并单击。

（3）在窗口右侧找到“管理设置”并单击，将“实时保护”“云提供的保护”“自动提交样本”的开关打开，设置完成后如图 2-52 所示。

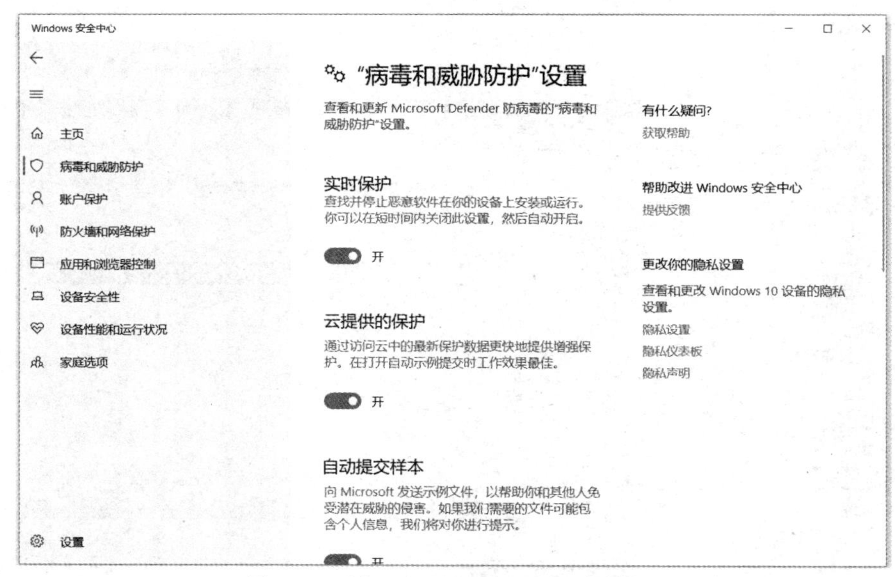

图 2-52　开启 Microsoft Defender 防病毒功能

2.8.2 开启防火墙

风险分析　如果关闭防火墙，那么所有流量都将能够访问系统，攻击者可能更容易远程利用网络服务中的漏洞。

加固详情　开启防火墙。

加固步骤　打开“控制面板”，选择“Windows Defender 防火墙”>“高级设置”>“Windows Defender 防火墙属性”，在弹出的对话框中分别设置“域配置文件”“专用配置文件”“公用配置文件”选项卡中的“防火墙状态”为“启用(推荐)”，单击“应用”，如图 2-53 所示。

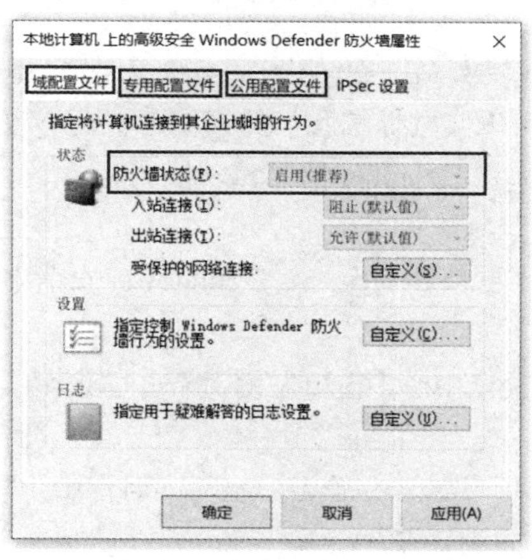

图 2-53　开启防火墙

2.8.3 配置入站和出站连接

风险分析 如果防火墙允许所有流量访问系统，那么攻击者可能更容易远程利用网络服务中的漏洞。

加固详情 阻止与规则不匹配的入站连接，允许与规则不匹配的出站连接。

加固步骤 打开“控制面板”，选择“Windows Defender 防火墙”>“高级设置”>“Windows Defender 防火墙属性”，在弹出的对话框中分别设置“域配置文件”“专用配置文件”“公用配置文件”选项卡中的“入站连接”为“阻止(默认值)”，“出站连接”为“允许(默认值)”，单击“应用”，如图 2-54 所示。

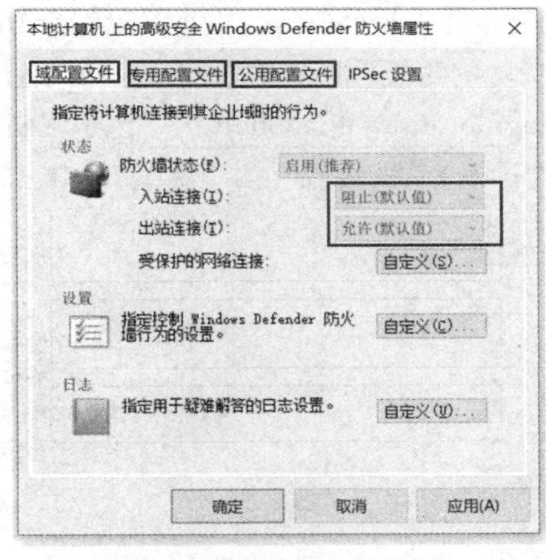

图 2-54 配置入站和出站连接

2.8.4 配置日志文件

风险分析 配置适当大小的日志文件，可以记录更多的事件，有利于事件追溯。

加固详情 配置日志文件大小，记录被丢弃的数据包。

加固步骤

（1）打开“控制面板”，选择“Windows Defender 防火墙”>“高级设置”>“Windows Defender 防火墙属性”，在弹出的对话框中分别对“域配置文件”“专用配置文件”“公用配置文件”选项卡的“日志”进行自定义，如图 2-55 所示。

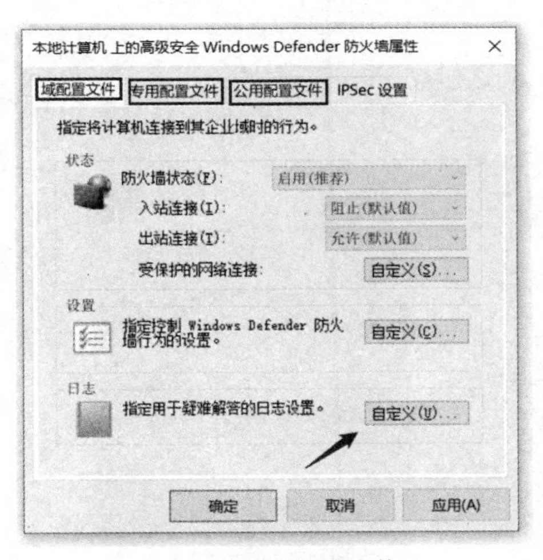

图 2-55 配置日志文件

（2）修改域配置文件的日志设置："名称"为"%SystemRoot%\System32\logfiles\Firewall\domainfw"，"大小限制"为16,384KB或更大，"记录被丢弃的数据包"为"是"，"记录成功的连接"为"是"。修改专用配置文件的日志设置："名称"为"%SystemRoot%\System32\logfiles\Firewall\privatefw"，"大小限制"为16,384KB或更大，"记录被丢弃的数据包"为"是"，"记录成功的连接"为"是"。修改公用配置文件的日志设置："名称"为"%SystemRoot%\System32\logfiles\Firewall\publicfw"，"大小限制"为16,384KB或更大，"记录被丢弃的数据包"为"是"，"记录成功的连接"为"是"。其中，域配置文件的日志设置如图2-56所示。

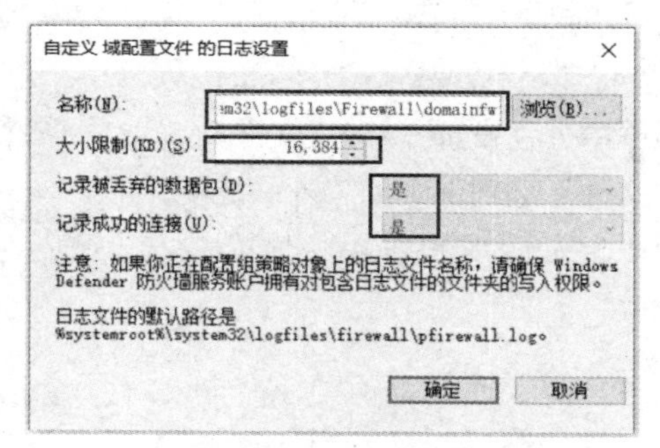

图2-56 域配置文件的日志设置

综上所述，计算机操作系统可以采取多种安全加固技术方案，使其内在薄弱环节或漏洞问题得到有效处理，尽可能降低意外情况出现的概率，保障用户信息或任务安全。因此，需要重视相关技术的应用，确保其能够得到科学部署，实现理想的加固目标。

第 2 篇

数据库安全

数据库作为业务系统数据的重要载体，若其安全防御不完善、防护强度不够，则可能成为攻击者的重要突破口。数据库安全包括数据库中的数据完整性、真实性、可靠性和可用性等方面的安全。对于数字化系统来说，数据泄露、数据篡改、数据破坏或删除等都是很严重的安全问题，尤其是机密级别数据的泄露可能会引发额外的衍生危害。因此在保证系统高性能、高可用的同时提升数据的安全性，确保关键数据不被泄露、重要利益不受损失已经迫在眉睫。

本篇围绕主流的数据库展开安全加固方面的介绍，主要包括关系数据库 MySQL 和 PostgreSQL、Key-Value 数据库 Redis、文档数据库 MongoDB，均部署在 Linux 上。数据库主要的安全加固内容如表 P-2 所示。

表 P-2　数据库主要的安全加固内容

序号	分类	项目
1	账号管理和认证授权	账号、密码
2	通信协议安全	网络数据传输安全、信任 IP 设置
3	日志安全配置	数据库审核策略、数据库日志文件设置
4	其他安全配置	连接超时、监听器密码设置

第 3 章

MySQL

MySQL 数据库是完全网络化的跨平台关系数据库系统，它的运用十分广泛，但在使用过程中，存在的安全问题也是需要关注的。安全配置是保障 MySQL 安全的一项重要措施。本章以 MySQL 数据库的 5.7 版本为例，讲述 MySQL 数据库安全配置的实际操作步骤，其中包括数据备份、账号密码、身份认证、会话管理以及文件权限和日志审计等内容。

3.1 宿主机安全配置

3.1.1 数据库工作目录和数据目录存放在专用磁盘分区

风险分析 使用专用磁盘有利于对数据进行统一管理，避免因主机宕机而导致数据损坏、遗失，也可避免因系统可用磁盘占满而导致 DoS。

加固详情 挂载专用磁盘，把数据目录创建在专用磁盘上。

加固步骤

（1）挂载专用磁盘。

（2）在专用磁盘系统分区中创建数据目录。例如数据库工作目录为/mysql，为数据库工作目录/mysql 挂载专用磁盘系统分区/dev/vdb1，如图 3-1 所示。

```
[root@host188 ~]# df -h /mysql
Filesystem      Size  Used Avail Use% Mounted on
/dev/vdb1        99G   61M   94G   1% /mysql
```

图 3-1 数据库工作目录/mysql 挂载专用磁盘系统分区/dev/vdb1

3.1.2 使用 MySQL 专用账号启动进程

风险分析 运行进程时使用专用低权限用户，可以避免因账号权限过高导致攻击者利用数据库漏洞访问主机其他资源。

加固详情 创建一个普通用户启动进程。

加固步骤

（1）创建普通用户，例如用户名为 mysql 的普通用户。

```
[root@host188 ~]# useradd mysql
[root@host188 ~]# passwd mysql
Changing password for user mysql.
New password:
Retype new password:
passwd: all authentication tokens updated successfully.
```

（2）使用步骤（1）创建的用户启动服务。

```
[mysql@host188 ~]# sudo mysql systemctl start mysqld  #启动 mysql
```

3.1.3 禁用 MySQL 历史命令记录

风险分析 .mysql_history 文件是用来记录所有操作命令（包括登录数据库命令）的，当 MySQL 数据库安装好之后，.mysql_history 文件默认启用。删除.mysql_history 文件可降低敏感信息泄露的风险。

加固详情 MySQL 会把客户端登录的用户的交互执行记录保存在.mysql_history 文件中，因此建议删除此文件。

加固步骤

（1）删除.mysql_history 文件。

```
rm -f .mysql_history
```

（2）创建一个.mysql_history 文件指向/dev/null 的软链接。

```
ln -s /dev/null .mysql_history
```

3.1.4 禁止 MYSQL_PWD 的使用

风险分析 MYSQL_PWD 是用来明文存储 MySQL 密码的环境变量，如果使用 MYSQL_PWD，则存在信息泄露的风险。

加固详情 禁止 MYSQL_PWD 环境变量的使用，防止密码泄露。

加固步骤

（1）执行命令 grep MYSQL_PWD /proc/*/environ（可能是 environ，也可能是.bashrc 或 profile 等）。

（2）如果有返回值，则说明使用了 MYSQL_PWD 环境变量，执行命令 vim /proc/*/environ 删除环境变量。

3.1.5 禁止 MySQL 运行账号登录系统

风险分析 禁止 MySQL 运行账号登录系统可以防止攻击者利用 MySQL 数据库的漏洞反弹 Shell。

加固详情 MySQL 运行账号在安装完数据库后，不应该还有其他用途，建议禁止该账号登录系统。

加固步骤 执行下列语句禁止 MySQL 运行账号登录系统，假设运行账号名为 mysql，如图 3-2 所示。

```
[root@host188 ~]# usermod -s /sbin/nologin mysql
[root@host188 ~]# cat /etc/passwd|grep -i mysql
mysql:x:1001:1001::/home/mysql:/sbin/nologin
[root@host188 ~]#
```

图 3-2 禁止 MySQL 运行账号登录系统

3.1.6 禁止 MySQL 使用默认端口

风险分析 MySQL 使用默认端口，更容易被攻击者发现数据库并攻击。

加固详情 安装数据库后，修改默认端口 3306 为其他端口。

加固步骤

（1）修改 MySQL 配置文件，设置 port=8063（非 3306 即可），如图 3-3 所示。

```
[mysqld]
#
port = 8063
socket = /var/lib/mysql/mysql.sock
default-character-set=utf8
character-set-server=utf8
```

图 3-3 设置 port 为高位端口 8063

（2）执行下列语句重启数据库。

```
systemctl restart mysqld  #重启 MySQL 服务
```

3.2 备份与容灾

3.2.1 制定数据库备份策略

风险分析 备份数据是为了保证事故发生后可以用备份数据恢复服务，如果没有备份策略，可能导致数据遗失，进而影响业务。

加固详情　制定备份策略，指导备份的执行。备份策略如下。

（1）使用专用存储设备存放备份数据。

（2）重要数据使用增量备份。

（3）备份数据有效期至少为3个月。

（4）备份数据库配置文件、日志文件。

（5）定期恢复备份。

加固步骤

（1）编写一个备份数据的脚本。

（2）设置定时任务启用该脚本。

3.2.2　使用专用存储设备存放备份数据

风险分析　使用专用存储设备存放备份数据，可以保证数据的安全性，避免因系统磁盘损坏或占满导致数据遗失。

加固详情　使用syslog等远程日志工具，把备份数据传送到专用存储设备上。

加固步骤

（1）挂载专用磁盘。

（2）在专用磁盘系统分区中创建数据库存储备份目录。

3.2.3　部署数据库应多主多从

风险分析　MySQL支持数据服务的高可用性，建议将数据库部署在多台不同主机上且使用多主多从部署的方式。这样可以保证业务的延续性，防止一台主机故障从而导致整个数据库故障的问题。

加固详情　根据数据量以及主机资源等因素配置数据库主从同步。

加固步骤

（1）在不同主机上安装MySQL。

（2）根据业务和资源选择主从配置。

3.3　账号与密码安全

3.3.1　设置密码生存周期

风险分析　设置密码生存周期是为了保证用户密码的定期修改，如果未设置则可能导致密码永久有效，存在密码泄露的风险。

加固详情 建议密码最长不超过 90 天就要更改一次。

加固步骤

（1）在配置 my.cnf'文件中添加配置 default_password_lifetime=90，如图 3-4 所示。

```
[mysqld]
#
port = 8063
default_password_lifetime = 90
socket = /var/lib/mysql/mysql.sock
default-character-set=utf8
```

图 3-4 设置密码每 90 天必须更改一次

（2）重启 MySQL 数据库。

```
systemctl restart mysqld  #重启 MySQL 数据库
```

3.3.2 设置密码复杂度

风险分析 恶意攻击者通常会猜测密码从而攻击破坏数据库，MySQL 默认不设置密码复杂度，但是使用弱密码可能导致密码被恶意破解，为了保证密码安全性需要启用密码复杂度策略。

加固详情 密码应符合密码策略，要求包含数字、普通字符、大小写字母和特殊字符，且长度大于或等于 8 位。MySQL 密码策略相关参数含义及建议值如表 3-1 所示。

表 3-1 MySQL 密码策略相关参数含义及建议值

参数名称	建议值	参数说明
validate_password_length	8	密码最小长度
validate_password_dictionary_file		指定密码验证的文件路径
validate_password_mixed_case_count	1	密码至少包含大小写字母个数
validate_password_number_count	1	密码至少包含数字个数
validate_password_policy	STRONG	指定密码的强度验证等级
validate_password_special_char_count	1	密码至少包含特殊字符个数

加固步骤

（1）在配置文件中添加 validate_password 插件。

（2）在配置文件中根据策略添加参数，设置密码复杂度如图 3-5 所示。

```
plugin-load=validate_password.so
validate_password_length=8
validate_password_mixed_case_count=1
validate_password_number_count=1
validate_password_policy=STRONG
validate_password_special_char_count=1
```

图 3-5 设置密码复杂度

（3）重启 MySQL 数据库。

```
systemctl restart mysqld  #重启 MySQL 数据库
```

3.3.3 确保不存在空密码账号

风险分析 如果存在空密码账号，那么攻击者只要知道账号和主机允许列表，就可绕过身份验证随意登录数据库。

加固详情 空密码账号存在安全隐患，建议删除。

加固步骤

（1）执行 SQL（Structure Query Language，结构查询语言）语句查询是否存在空密码账号。

```
mysql> select user,host FROM mysql.user where authentication_string='';
```

（2）如果没有返回结果，则表示不存在空密码账号；如果有返回结果，则执行 SQL 语句删除该账号。

```
mysql> drop user 账号名@×××; #×××表示步骤（1）中查到的 host 值
```

3.3.4 确保不存在无用账号

风险分析 存在太多与系统运行无关的账号，更容易被攻击者利用登录数据库，造成数据信息泄露风险。

加固详情 删除无用账号，只保留与系统运行相关的账号。

加固步骤

（1）执行 SQL 语句检查数据库中的所有用户。

```
mysql> select user,host from mysql.user;
```

（2）判断查询结果中是否存在无用账号，若存在，则执行 SQL 语句删除账号。

```
mysql> drop user 账号名@×××; #×××表示步骤（1）中查到的 host 值
```

3.3.5 修改默认管理员账号名为非 root 用户

风险分析 修改默认管理员账号名为非 root 用户，可防止攻击者针对用户名进行密码猜测攻击。

加固详情 MySQL 的默认管理员 root 用户应该修改名称，以缩小攻击面。

加固步骤

（1）进入数据库执行 SQL 语句。

```
mysql> update user set name='dbname' where name='root';
```

（2）加载配置。

```
mysql> flush privileges;
```

3.4 身份认证连接与会话超时限制

3.4.1 检查数据库是否设置连接尝试次数

风险分析 恶意攻击者攻击的第一步就是无限次地尝试登录数据库，限制连接尝试次数可以防止密码被恶意破解。

加固详情 设置连接尝试次数，以防止暴力破解。MySQL 限制登录相关参数含义及建议值如表 3-2 所示。

表 3-2 MySQL 限制登录相关参数含义及建议值

参数名称	建议值	参数说明
connection-control-failed-connections-threshold	5	登录失败次数限制
connection-control-min-connection-delay	1800000	限制重试时间，单位为毫秒

加固步骤

（1）进入数据库安装 connection_control 插件，如图 3-6 所示。

```
mysql> INSTALL PLUGIN CONNECTION_CONTROL soname 'connection_control.so';
Query OK, 0 rows affected (0.02 sec)

mysql> INSTALL PLUGIN CONNECTION_CONTROL_FAILED_LOGIN_ATTEMPTS soname 'connection_control.so';
Query OK, 0 rows affected (0.00 sec)

mysql>
```

图 3-6 安装插件

（2）在数据库配置文件中添加参数，如图 3-7 所示。

```
connection-control-failed-connections-threshold=5
connection-control-min-connection-delay=108000
```

图 3-7 设置失败尝试次数

（3）重启数据库。

```
systemctl restart mysqld  #重启 mysql 服务
```

3.4.2 检查是否限制连接地址与设备

风险分析 MySQL 默认任意设备和地址都可以连接到数据库，设置限制白名单可以提高数据库的安全性。

加固详情 如果某一数据库用户支持所有 IP（Internet Protocol，互联网协议）地址访问，一旦账号密码泄露，数据库就变得很不安全。

加固步骤

（1）在数据库配置文件中添加 bind_ip=127.0.0.1，如图 3-8 所示，重启数据库。

图 3-8 设置绑定 IP 地址为 127.0.0.1

（2）创建用户 host 并指定为 localhost。

```
mysql> create user abc@localhost identified by '密码';
```

3.4.3 限制单个用户的连接数

风险分析 限制连接数是为了保证用户不被任意连接。

加固详情 有效限制连接数，可避免同一用户大量连接浪费线程。

加固步骤 在数据库中执行下列 SQL 语句。

```
mysql> create user abcd@localhost identified by '123456' with MAX_USER_CONNECTIONS 4;
```

3.4.4 确保 have_ssl 设置为 yes

风险分析 所有网络请求都通过 TLS（Transport Layer Security，传输层安全协议）访问数据库，可加强数据安全性，防止数据被窃取。

加固详情 启用 SSL 加密协议有助于数据传输安全。

加固步骤

（1）在数据库配置文件中添加 have_ssl=yes，如图 3-9 所示。

图 3-9 设置启用 SSL 加密协议

（2）重启数据库。

```
systemctl restart mysqld  #重启 mysql 服务
```

3.4.5 确保使用高强度加密套件

风险分析 数据传输中使用高强度加密套件可提高数据的安全性，防止中间人窃取数据。

加固详情 MySQL 支持多种 SSL 加密套件，为了提高数据安全性，建议使用高强度加密套件，例如 ECDHE-ECDSA-AES128-GCM-SHA256。

加固步骤

（1）修改配置文件，设置加密套件，如图 3-10 所示。

```
have_ssl=yes
tls_version=TLSv1.2
ssl_cipher='ECDHE-ECDSA-AES128-GCM-SHA256'
```

图 3-10 设置加密套件

（2）重启数据库。

```
systemctl restart mysqld  #重启 mysql 服务
```

3.4.6 确保加解密函数配置高级加密算法

风险分析 一般情况下，我们在网络中传输的数据，都可以认为是面临潜在风险的，所以使用加解密算法很重要。使用 MySQL 自带的加解密算法会由于默认加密模式安全性较低而更容易被窃取破解，所以需要配置更高安全性的加密模式。

加固详情 数据库默认使用 aes-128-ecb 算法，不够安全，建议使用更安全的 aes-256-ecb 算法。

加固步骤

（1）修改配置文件，添加 block_encryption_mode=aes-256-ecb，如图 3-11 所示。

```
ssl_cipher='ECDHE-ECDSA-AES128-GCM-SHA256'
block_encryption_mode=aes-256-ecb
```

图 3-11 设置数据库默认使用 aes-128-ecb

（2）重启数据库。

```
systemctl restart mysqld  #重启 mysql 服务
```

3.4.7 确保使用新版本 TLS 协议

风险分析 旧版本 TLS 协议（主要是 TLS 1.0 和 TLS 1.1）的某些密码算法（比如 SHA-1、RC4 算法）已经被认为是不安全的，所以应使用新版本 TLS 协议。

加固详情 为提高传输数据的安全性，应使用新版本 TLS 协议。

加固步骤

（1）修改配置文件，添加 tls_version=TLSv1.2，如图 3-12 所示。

```
have_ssl=yes
tls_version=TLSv1.2
```

图 3-12 设置 TLS 协议为 TLSv1.2

（2）重启数据库。

```
systemctl restart mysqld  #重启 mysql 服务
```

3.5 数据库文件目录权限

3.5.1 配置文件及目录权限最小化

风险分析 配置合理的权限可保证数据库文件及目录的完整性、机密性，如果权限过大会导致其他用户可读可写，致使敏感信息泄露甚至是 DoS，所以要确保配置文件及目录权限最小化。

加固详情 限制配置文件及目录的权限将有益于保护数据信息不被泄露，或恶意修改。

加固步骤 执行命令设置配置文件及目录路径权限为 700。

```
chmod 700 配置文件及目录路径
```

3.5.2 备份数据权限最小化

风险分析 备份数据权限最小化是为了保证备份数据的完整性、机密性，避免权限过大导致其他用户可读。

加固详情 限制备份数据的权限将有益于防止数据信息被泄露，或被恶意修改。

加固步骤 执行命令设置备份数据权限为 600。

```
chmod 600 备份数据文件路径
```

3.5.3 二进制日志权限最小化

风险分析 限制二进制日志（log-bin）文件的权限可以防止数据信息被泄露，或被恶意修改。

加固详情 log-bin 文件记录了 MySQL 所有的 DML（Data Manipulation Language，数据操纵语言）操作。

加固步骤 执行命令设置 log-bin 文件权限为 600。

```
chmod 600 log-bin 文件路径
```

3.5.4 错误日志权限最小化

风险分析 限制错误日志（log-error）文件的权限可以防止数据信息被泄露，或被恶意修改。

加固详情 log-error 文件记录了 MySQL 每次启动和关闭的详细信息以及运行过程中的所有较为严重的警告和错误信息。

加固步骤 执行命令设置 log-error 文件权限为 600。

```
chmod 600 log-error 文件路径
```

3.5.5 慢查询日志权限最小化

风险分析 限制慢查询日志（log-slow-queries）文件的权限可以防止数据信息被泄露，或被恶意修改。

加固详情 log-slow-queries 文件用来记录在 MySQL 中响应时间超过阈值（long_query_time）的语句。

加固步骤 执行命令设置 log-slow-queries 文件权限为 600。

```
chmod 600 log-slow-queries 文件路径
```

3.5.6 中继日志权限最小化

风险分析 限制中继日志（relay-log）文件的权限可以防止数据信息被泄露，或被恶意修改。

加固详情 MySQL 进行主主复制或主从复制的时候，会在 home 目录下面产生相应的 relay-log 文件。

加固步骤 执行命令设置 relay-log 文件权限为 600。

```
chmod 600 relay-log 文件路径
```

3.5.7 限制日志权限最小化

风险分析 限制日志（general-log）文件的权限可以防止数据信息被泄露，或被恶意修改。

加固详情 general-log 文件记录了建立的客户端连接和执行的语句。

加固步骤 执行命令设置 general-log 文件权限为 600。

```
chmod 600 general-log 文件路径
```

3.5.8 插件目录权限最小化

风险分析 限制插件目录的权限可以防止数据信息被泄露，或被恶意修改。

加固详情 限制插件目录的权限。

加固步骤 执行命令设置插件目录权限为 600。

```
chmod 600 插件目录
```

3.5.9 密钥证书文件权限最小化

风险分析 密钥证书文件权限最小化是为了防止密钥证书被破坏，保证数据库可连接。如果权限过大而被中间人知悉证书内容，可能导致中间人冒充服务端发起中间人攻击。

加固详情 限制密钥证书文件的权限。

加固步骤 执行命令设置密钥证书文件权限为 600。

```
chmod 600 密钥证书文件
```

3.6 日志与审计

3.6.1 配置错误日志

风险分析 错误日志记录了数据库服务启动、停止、运行故障等信息，如果不启用错误日志，那么当发生恶意攻击等事件时将无法对其进行追溯。

加固详情 启用错误日志有可能会增加检测到针对 MySQL 的恶意攻击行为的机会。

加固步骤

（1）配置错误日志文件，如图 3-13 所示。

```
log-error=/var/log/mysqld.log
pid-file=/var/run/mysqld/mysqld.pid
```

图 3-13 配置错误日志文件

（2）重启数据库。

```
systemctl restart mysqld  #重启 MySQL 服务
```

3.6.2 确保 log-raw 设置为 off

风险分析 开启 log-raw 可使密码以纯文本形式写入各种日志，导致密码泄露。

加固详情 语句中的密码在写入一般查询日志时会被服务器重写，不会以明文方式记录。

加固步骤

（1）在配置文件中添加或者修改 log-raw=off，如图 3-14 所示。

```
log-raw=off
expire_logs_days = 90
```

图 3-14 配置 log-raw=off

（2）重启数据库。

```
systemctl restart mysqld  #重启 MySQL 服务
```

3.6.3 配置 log_error_verbosity

风险分析 错误日志记录了数据库服务启动、停止、运行故障等信息，启用错误日志可追踪恶意错误事件，例如可通过错误日志知道恶意攻击等事件。

加固详情 log_error_verbosity 参数用于控制错误日志的记录详细程度，建议将其值配置为“2”以记录错误和告警信息。

加固步骤

（1）在配置文件中添加或者修改 log_error_verbosity=2，如图 3-15 所示。

```
log_error_verbosity=2
```

图 3-15 配置 log_error_verbosity=2

（2）重启数据库。

```
systemctl restart mysqld  #重启 MySQL 服务
```

3.7 用户权限控制

3.7.1 确保仅管理员账号可访问所有数据库

风险分析 通常服务在运行过程中会创建多个用户，尤其是数据量大、业务量大的服务，所以合理分配用户权限很有必要。让管理员账号拥有最高权限，非管理员账号拥有最低权限，可以避免攻击者通过非管理员账号攻击服务。

加固详情 除了管理员账号，其他账号没必要有所有数据库的访问权限。

加固步骤 进入数据库执行命令。

```
select user,host from mysql.user where (Select_priv='Y') OR (Insert_priv='Y') OR
(Update_priv='Y') OR (Delete_priv='Y') OR (Create_priv='Y') OR (Drop_priv='Y');

select user,host from mysql.db where db = 'mysql' AND ((Select_priv = 'Y') OR (Insert_
priv = 'Y') OR (Update_priv = 'Y') OR (Delete_priv = 'Y') OR (Create_priv = 'Y') OR
(Drop_priv = 'Y'));
```

理想结果是返回的都是管理员账号。

如有普通账号，则执行以下 SQL 语句撤销其所有权限。

```
REVOKE ALL PRIVILEGES ON *.* FROM 'user_name'@'host';
```

3.7.2 确保 file 不授予非管理员账号

风险分析 攻击者可能盗取数据库中的敏感数据。

加固详情 file 权限允许 MySQL 用户对磁盘进行读写操作。

加固步骤 进入数据库执行命令。

```
REVOKE FILE ON *.* FROM '<user>';（ <user>为需要撤销权限的用户）
```

3.7.3 确保 process 不授予非管理员账号

风险分析 使用 process 执行权限超越当前用户权限的权利，可能被攻击者利用，存在安全隐患。

加固详情 process 权限允许委托账号查看当前正在执行的 SQL 语句。

加固步骤 进入数据库执行命令。

```
REVOKE PROCESS ON *.* FROM '<user>';
```

3.7.4 确保 super 不授予非管理员账号

风险分析 使用 super 执行权限超越当前用户权限的权利，可能被攻击者利用，存在安全隐患。

加固详情 super 权限允许委托账号执行任意语句，非管理员账号不应该具备该权限。

加固步骤 进入数据库执行命令。

```
REVOKE SUPER ON *.* FROM '<user>';
```

3.7.5 确保 shutdown 不授予非管理员账号

风险分析 使用 shutdown 命令超越当前用户权限的权利，可能被攻击者利用，存在安全隐患。

加固详情 shutdown 权限允许委托账号关闭数据库。

加固步骤 进入数据库执行命令。

```
REVOKE SHUTDOWN ON *.* FROM '<user>';
```

3.7.6 确保 create user 不授予非管理员账号

风险分析 使用 create user 命令超越当前用户权限的权利，可能被攻击者利用，存在安全隐患。

加固详情 create user 权限允许委托账号创建任意用户。

加固步骤 进入数据库执行命令。

```
REVOKE CREATE USER ON *.* FROM '<user>';
```

3.7.7 确保 grant option 不授予非管理员账号

风险分析 使用 grant option 命令超越当前用户权限的权利，可能被攻击者利用，存在安全隐患。

加固详情 grant option 权限允许委托账号对其他用户赋权。

加固步骤 进入数据库执行命令。

```
REVOKE CREATE USER ON *.* FROM '<user>';
```

3.7.8 确保 replication slave 不授予非管理员账号

风险分析 使用 replication slave 执行权限超越当前用户权限的权利，攻击者利用漏洞进行提权。

加固详情 replication slave 用于从主服务器上获得更新的数据。

加固步骤 进入数据库执行命令。

```
REVOKE REPLICATION SLAVE ON *.* FROM '<user>';
```

3.8 基本安全配置

3.8.1 确保安装最新补丁

风险分析 系统如果不升级到最新版本，则容易被攻击者利用存在的安全漏洞进行攻击。

加固详情 确保数据库版本为最新并修复已知的安全漏洞。

加固步骤

（1）在数据库中执行 SQL 语句查看版本信息。

```
select version();
```

（2）在 MySQL 官网查看版本信息，比较补丁修复情况，确保当前使用的数据库版本已修复已知的安全漏洞。

3.8.2 删除默认安装的测试数据库 test

风险分析 test 数据库可以被所有用户访问，并且特别消耗系统资源，删除该数据库将缩小 MySQL 的攻击面。

加固详情 MySQL 安装后默认有一个测试数据库 test，没有任何数据，可以删除。

加固步骤 删除 test 数据库。

```
drop database "test";
```

3.8.3 确保 allow-suspicious-udfs 配置为 false

风险分析 关闭 allow-suspicious-udfs，可以防止通过共享对象文件加载存在威胁的 UDFs 函数。

加固详情 该参数控制仅包含 xxx 符号的用户定义函数（UDF）是否能够被加载。默认情况下，该参数关闭，只有包含辅助符号的 UDF 才能被加载。

加固步骤

（1）修改配置文件，查看安全参数 allow-suspicious-udfs 是否存在。如果不存在则结束；如果存在则修改参数值为 false，如图 3-16 所示。

```
allow-suspicious-udfs = false
```

图 3-16 配置 allow-suspicious-udfs 为 false

（2）重启数据库。

```
systemctl restart mysqld  #重启MySQL服务
```

3.8.4 local_infile 参数设定

风险分析 禁用 local_infile 可以阻止攻击者利用 SQL 注入来读取数据库文件，减少攻击者给数据库带来的安全损失。

加固详情 MySQL 对本地文件的存取通过 SQL 语句来实现，主要通过 LOAD DATA LOCAL INFILE 来实现，由 local_infile 参数决定是否支持 LOAD DATA LOCAL INFILE。

加固步骤

（1）修改配置文件，配置 local_infile 为 0，如图 3-17 所示。

```
local_infile=0
```

图 3-17 配置 local_infile 为 0

（2）重启数据库。

```
systemctl restart mysqld  #重启MySQL服务
```

3.8.5 skip-grant-tables 参数设定

风险分析 如果不关闭此参数，那么所有账号都可以不受限制地免密访问任意数据库。这可能会导致敏感数据外泄。

加固详情 关闭该参数，保证必须使用用户名和密码才能登录数据库。

加固步骤

（1）修改配置文件，配置 skip-grant-tables 为 false，如图 3-18 所示。

```
skip-grant-tables = false
```

图 3-18 配置 skip-grant-tables 为 false

（2）重启数据库。

```
systemctl restart mysqld  #重启MySQL服务
```

3.8.6 daemon_memcached 参数设定

风险分析 默认情况下，MySQL 插件未开启认证，任何人都可以利用 daemon_memcached 来访问或修改一部分数据，给数据库带来信息泄露的隐患。

加固详情 daemon_memcached 插件允许用户使用 memcached 协议访问存储在 InnoDB

中的数据。

加固步骤 卸载插件。

```
uninstall plugin daemon_memcached;
```

3.8.7 secure_file_priv 参数设定

风险分析 secure_file_priv 限制客户端可以读取数据文件的路径。为 secure_file_priv 配置合理的值可以有效降低遭受 SQL 注入后攻击者读取数据库数据的可能性。

加固详情 secure_file_priv 参数用来指定 LOAD DATA INFILE 或 SELECT LOCAL_FILE 的上传目录。

加固步骤

（1）修改配置文件，例如为 secure_file_priv 参数添加允许 MySQL 读取的目录为/opt/mysql/，如图 3-19 所示。

```
secure_file_priv=/opt/mysql/
```

图 3-19 配置 secure_file_priv

（2）重启数据库。

```
systemctl restart mysqld  #重启 MySQL 服务
```

3.8.8 sql_mode 参数设定

风险分析 STRICT_TRANS_TABLES 模式会检查所有更新的数据，在一定程度上可以给攻击者规避检测带来阻碍。NO_AUTO_CREATE_USER 是 sql_mode 的一个选项，启用此选项可以阻止 grant 语句在特定情况下自动创建用户，从而减少安全隐患。

加固详情 sql_mode 有 3 种模式，STRICT_TRANS_TABLES 是其中一种模式。当执行数据更新操作（如 INSERT、UPDATE）时，MySQL 依据是否启用严格的 sql_mode 来决定是否严格处理非法与丢失的数值。

加固步骤

（1）在数据库中执行 SQL 语句。

```
mysql> SET GLOBAL sql_mode
='STRICT_ALL_TABLES,ONLY_FULL_GROUP_BY,STRICT_TRANS_TABLES,NO_ZERO_IN_DATE,NO_ZERO_
DATE,ERROR_FOR_DIVISION_BY_ZERO,NO_AUTO_CREATE_USER,NO_ENGINE_SUBSTITUT ION';
```

（2）加载配置。

```
mysql> flush privileges;
```

第4章 PostgreSQL

PostgreSQL 是一个开源的对象-关系数据库管理系统，具有跨平台、扩展性良好等特点，支持丰富的数据类型，它的应用和影响仅次于 MySQL。与其他商业和开源数据库比起来，它的安全漏洞相对较少。本章以 PostgreSQL 14 为例，介绍 PostgreSQL 在账号密码策略、配置文件权限、数据备份和容灾、身份认证和会话超时等方面需要关注的安全配置项。

4.1 目录文件权限

4.1.1 确保配置文件及目录权限合理

风险分析 配置合理的权限可保证数据库文件及目录的完整性、机密性，如果权限过大会导致其他用户可读可写，致使敏感信息泄露甚至是 DoS，所以要确保配置文件及目录权限合理。

加固详情 限制配置文件及目录的权限将有益于防止数据信息被泄露，或被恶意修改。

加固步骤 执行命令，设置配置文件及目录路径权限为 700。

```
chmod 700 配置文件及目录路径
```

4.1.2 备份数据权限最小化

风险分析 备份数据权限最小化是为了保证备份数据的完整性、机密性，避免权限过大导致其他用户可读。

加固详情 限制备份数据的权限将有益于防止数据信息被泄露，或被恶意修改。

加固步骤 执行命令，设置备份数据文件权限为 600。

```
chmod 600 备份数据文件路径
```

4.1.3　日志文件权限最小化

风险分析　日志文件权限最小化是为了保证日志的完整性、可追溯性、机密性，避免权限过大导致其他用户可读。

加固详情　限制日志文件的权限将有益于防止数据信息被泄露，或被恶意修改。

加固步骤

（1）配置日志文件权限，如图 4-1 所示。

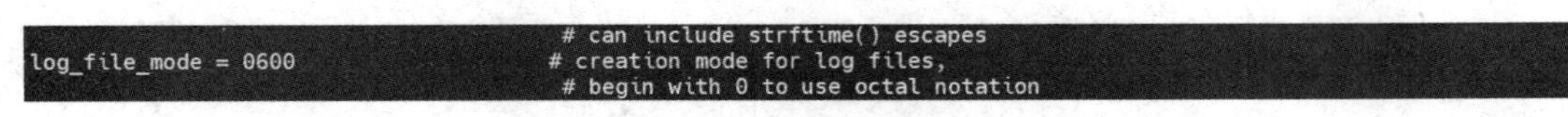

图 4-1　配置日志文件权限

（2）重启数据库。

```
pg_ctl -D 数据库安装目录 restart
```

4.2　日志与审计

4.2.1　确保已开启日志记录

风险分析　日志记录了数据库服务启动、停止、运行故障等信息，启用日志可追踪恶意错误事件，例如可通过错误日志知道恶意攻击等事件。

加固详情　开启日志记录，方便追溯恶意事件等。

加固步骤

（1）修改配置文件，开启日志记录，如图 4-2 所示。

```
logging_collector = on                # Enable capturing of stderr and csvlog
                                        # into log files. Required to be on for
                                        # csvlogs.
                                        # (change requires restart)

# These are only used if logging_collector is on:
log_directory = '/var/log/postgres/'                    # directory where log files are written,
                                        # can be absolute or relative to PGDATA
log_filename = 'postgresql-%Y-%m-%d_%H%M%S.log'         # log file name pattern,
```

图 4-2　开启日志记录

（2）重启数据库。

```
pg_ctl -D 数据库安装目录 restart
```

4.2.2 确保已配置日志生命周期

风险分析 配置日志生命周期可确保日志不会在短期内丢失，并可追溯历史事件。

加固详情 设置 log_rotation_age 为 30 天（30d）。

加固步骤

（1）修改配置文件安全参数，设置日志生命周期为 30 天，如图 4-3 所示。

```
log_rotation_age = 30d                  # Automatic rotation of logfiles will
                                        # happen after that time.  0 disables.
```

图 4-3 设置日志生命周期为 30 天

（2）重启数据库。

```
pg_ctl -D 数据库安装目录 restart
```

4.2.3 确保已配置日志转储大小

风险分析 配置日志转储大小可有利于日志管理，不至于文件太大而占满磁盘。

加固详情 设置 log_rotation_size 为 10MB。

加固步骤

（1）修改配置文件安全参数，设置日志转储大小为 10MB，如图 4-4 所示。

```
log_rotation_size = 10MB                # Automatic rotation of logfiles will
                                        # happen after that much log output.
```

图 4-4 设置日志转储大小为 10MB

（2）重启数据库。

```
pg_ctl -D 数据库安装目录 restart
```

4.2.4 确保配置日志记录内容完整

风险分析 配置日志记录内容完整有利于用户全面了解运行、错误信息。

加固详情 配置日志记录内容完整。

加固步骤

（1）修改配置文件，添加如下参数。

- log_line_prefix='%m %p %u %d %r '。
- log_statement = mod。
- log_min_duration_statement = 0。

配置完成后如图 4-5 所示。

```
log_min_duration_statement = 0          # -1 is disabled, 0 logs all statements
                                          # and their durations, > 0 logs only
                                          # statements running at least this number
                                          # of milliseconds
log_line_prefix = '%m %p %u %d %r'             # special values:
                                          #   %a = application name
                                          #   %u = user name
                                          #   %d = database name
                                          #   %r = remote host and port
                                          #   %h = remote host
                                          #   %p = process ID
                                          #   %t = timestamp without milliseconds
                                          #   %m = timestamp with milliseconds
                                          #   %n = timestamp with milliseconds (as a Unix epoch)
                                          #   %i = command tag
                                          #   %e = SQL state
                                          #   %c = session ID
                                          #   %l = session line number
                                          #   %s = session start timestamp
                                          #   %v = virtual transaction ID
                                          #   %x = transaction ID (0 if none)
                                          #   %q = stop here in non-session
                                          #        processes
                                          #   %% = '%'
                                          # e.g. '<%u%%%d> '

log_statement = mod
```

图 4-5 配置日志记录内容完整

（2）重启数据库。

```
pg_ctl -D 数据库安装目录 restart
```

4.2.5 确保正确配置 log_destinations

风险分析 正确配置数据库日志记录消息的方法，如果不配置，则数据库产生的任何消息都将丢失。

加固详情 配置 log_destinations 为 csvlog，表示输出为 CSV（Comma-Separated Values，逗号分隔值）格式文档。

加固步骤 进入数据库执行 SQL 语句。

```
alter system set log_destination = ' csvlog ' ;
select pg_reload_conf ( ) ;
```

4.2.6 确保已配置 log_truncate_on_rotation

风险分析 配置 log_truncate_on_rotation 可使日志在转储期间截断具有相同文件名的日志，而不是直接附加，有利于日志管理。

加固详情 启用 log_truncate_on_rotation 参数。

加固步骤 进入数据库执行 SQL 语句。

```
alter system set log_truncate_on_rotation=on;
select pg_reload_conf ( );
```

4.2.7 正确配置 syslog_facility

风险分析 如果 syslog_facility 配置不当，可能会导致 PostgreSQL 日志消息和其他应用消息混淆，进而造成日志丢失。

加固详情 配置 syslog_facility 为 LOCAL1。

加固步骤 进入数据库执行 SQL 语句。

```
alter system set syslog_facility = ' LOCAL1 ';
select pg_reload_conf ( );
```

4.2.8 正确配置 syslog_sequence_numbers

风险分析 如果禁用 syslog_sequence_numbers 参数，可能会导致发送到 syslog 的消息时间戳丢失。

加固详情 启用 syslog_sequence_numbers。

加固步骤 进入数据库执行 SQL 语句。

```
alter system set syslog_sequence_numbers = on;
select pg_reload_conf ( );
```

4.2.9 正确配置 syslog_split_messages

风险分析 syslog 默认超过 1024B 的消息会丢失，如果禁用 syslog_split_messages 可能导致丢失超过 1024B 的消息，不利于日志追溯。

加固详情 启用 syslog_split_messages，表示消息会按行拆分以适应 1024B 的限制。

加固步骤 进入数据库执行 SQL 语句。

```
alter system set syslog_split_messages = on;
select pg_reload_conf ( );
```

4.2.10 正确配置 syslog_ident

风险分析 syslog_ident 主要用来区分 PostgreSQL 日志消息和其他应用消息，如果配置不当，可能不好区分 PostgreSQL 日志消息。

加固详情 启用 syslog_ident，且配置明显标识符。

加固步骤 进入数据库执行 SQL 语句。

```
alter system set syslog_ident= 'postgresql';
select pg_reload_conf ( );
```

4.2.11 正确配置 log_min_messages

风险分析 log_min_messages 主要用来记录日志级别，PostgreSQL 支持多种日志级别（DEBUG5、DEBUG4、DEBUG3、DEBUG2、DEBUG1、INFO、NOTICE、WARNING、ERROR、LOG、FATAL 和 PANIC），日志级别越靠后记录消息越少，为了更好地审计日志，需配置合理的级别。

加固详情 配置 log_min_messages 为 warning。

加固步骤 进入数据库执行 SQL 语句。

```
alter system set log_min_messages = warning;
select pg_reload_conf ( ) ;
```

4.2.12 正确配置 log_min_error_statement

风险分析 log_min_error_statement 主要用来记录 SQL 日志级别，PostgreSQL 支持多种 SQL 日志级别（DEBUG5、DEBUG4、DEBUG3、DEBUG2、DEBUG1、INFO、NOTICE、WARNING、ERROR、LOG、FATAL 和 PANIC），ERROR 表示所有导致错误的 SQL 语句都将被记录。

加固详情 配置 log_min_error_statement 为 error。

加固步骤 进入数据库执行 SQL 语句。

```
alter system set log_min_error_statement = error;
select pg_reload_conf ( ) ;
```

4.2.13 确保禁用 debug_print_parse

风险分析 启用 debug_print_parse 可能会导致某些调试错误的 SQL 语句被记录，导致敏感信息泄露。

加固详情 禁用 debug_print_parse。

加固步骤 进入数据库执行 SQL 语句。

```
alter system set debug_print_parse = off;
select pg_reload_conf ( ) ;
```

4.2.14 确保禁用 debug_print_rewritten

风险分析 启用 debug_print_rewritten 可能会导致某些调试错误的 SQL 语句被记录，导致敏感信息泄露。

加固详情 禁用 debug_print_rewritten。

加固步骤 进入数据库执行 SQL 语句。

```
alter system set debug_print_rewritten = off;
select pg_reload_conf ( ) ;
```

4.2.15 确保禁用 debug_print_plan

风险分析 启用 debug_print_plan 可能会导致某些调试错误的 SQL 语句被记录，导致敏感信息泄露。

加固详情 禁用 debug_print_plan。

加固步骤 进入数据库执行 SQL 语句。

```
alter system set debug_print_plan = off;
select pg_reload_conf ( );
```

4.2.16 确保启用 debug_pretty_print

风险分析 禁用 debug_pretty_print 可能会降低 debug 日志的可读性，不利于日志追溯。

加固详情 启用 debug_pretty_print。

加固步骤 进入数据库执行 SQL 语句。

```
alter system set debug_pretty_print = on;
select pg_reload_conf ( ) ;
```

4.2.17 确保启用 log_connections

风险分析 启用 log_connections 会记录所有客户端的连接（包括尝试连接、成功连接），可更快知道攻击者的消息。

加固详情 启用 log_connections。

加固步骤 进入数据库执行 SQL 语句。

```
alter system set log_connections = on;
select pg_reload_conf ( ) ;
```

4.2.18 确保启用 log_disconnections

风险分析 启用 log_disconnections 会记录所有客户端的连接断开时间以及连接持续时

间，可更快知道攻击者的消息。

加固详情 启用 log_disconnections。

加固步骤 进入数据库执行 SQL 语句。

```
alter system set log_disconnections = on;
select pg_reload_conf ( ) ;
```

4.2.19 正确配置 log_error_verbosity

风险分析 log_error_verbosity 用来确定记录日志的详细程度，如果配置不当可能会导致记录消息太多或者太少，不利于追溯安全问题。

加固详情 配置 log_error_verbosity 为 default。

加固步骤 进入数据库执行 SQL 语句。

```
alter system set log_error_verbosity = default;
select pg_reload_conf ( ) ;
```

4.2.20 正确配置 log_hostname

风险分析 启用 log_hostname 会记录连接数据库的主机名和 IP 地址，禁用该参数则只记录连接数据库的 IP 地址，启用该参数会导致不必要的性能损失。

加固详情 禁用 log_hostname。

加固步骤 进入数据库执行 SQL 语句。

```
alter system set log_hostname =off;
select pg_reload_conf ( ) ;
```

4.2.21 正确配置 log_statement

风险分析 log_statement 控制记录哪些 SQL 语句，PostgreSQL 支持多种策略（none 表示不记录；ddl 表示记录所有数据定义语句，比如 CREATE、ALTER 和 DROP 语句；mod 表示记录所有数据定义语句，加上数据修改语句 INSERT、UPDATE 等；all 表示记录所有执行的语句）。将此参数配置为 all 即可跟踪整个数据库执行的 SQL 语句，如果配置不当，则可能无法追溯某些关键 SQL 语句。

加固详情 配置 log_statement 为 ddl。

加固步骤 进入数据库执行 SQL 语句。

```
alter system set log_statement ='ddl';
select pg_reload_conf ( ) ;
```

4.2.22 正确配置 log_timezone

风险分析 时区设置不合理，可能导致事件发生时间混乱，尤其是集群内的事件。

加固详情 配置 log_timezone 为 GMT。

加固步骤 进入数据库执行 SQL 语句。

```
alter system set log_timezone ='GMT';
select pg_reload_conf ( ) ;
```

4.3 账号与密码安全

4.3.1 设置密码复杂度

风险分析 恶意攻击者通常会猜测密码从而攻击破坏数据库，PostgreSQL 默认不使用密码复杂度，但是使用弱密码可能导致密码被恶意破解，为了保证密码安全性需要启用密码复杂度策略。

加固详情 密码应符合密码复杂度策略，要求包含数字、普通字符、大小写字母和特殊字符，且长度大于或等于 8 位。

加固步骤

（1）修改配置文件 postgresql.conf，设置密码复杂度如图 4-6 所示。

```
shared_preload_libraries = 'passwordcheck'  # (change requires restart)
passwordcheck.level = 'true'
```

图 4-6 设置密码复杂度

（2）重启数据库。

```
pg_ctl -D 数据库安装目录 restart
```

4.3.2 设置密码生存周期

风险分析 用户在日常使用过程中一般不习惯经常修改密码，设置密码生存周期就是为了保证用户密码的有效期，如果未设置则可能导致密码永久有效，存在密码泄露的风险。

加固详情 建议密码最长不超过 3 个月就更改一次。

加固步骤 只针对单个用户，无全局变量设置。

```
alter user user_name with valid until '2022-08-01 08:00:00';
```

4.4 身份认证连接与会话超时限制

4.4.1 检查数据库是否设置连接尝试次数

风险分析 恶意攻击者攻击的第一步就是无限次地尝试登录数据库，限制连接尝试次数是为了保证密码不被暴力破解。

加固详情 建议设置连接尝试次数，以防止暴力破解。

加固步骤

（1）修改配置文件，设置连接尝试次数如图 4-7 所示。

```
shared_preload_libraries = 'puth_delay,asswordcheck'   # (change requires restart)
passwordcheck.level = 'true'
auth_delay.milliseconds = 5000
```

图 4-7 设置连接尝试次数

（2）重启数据库。

```
pg_ctl -D 数据库安装目录 restart
```

4.4.2 检查是否限制连接地址与设备

风险分析 PastgreSQL 默认任意设备和地址都可以连接到数据库，限制连接地址与设备可降低攻击者从不同地址攻破数据库的可能性。

加固详情 如果某一数据库用户支持所有 IP 地址访问，一旦账号密码泄露，数据库就变得很不安全。

加固步骤

（1）修改配置文件，设置连接地址为本机，如图 4-8 所示。

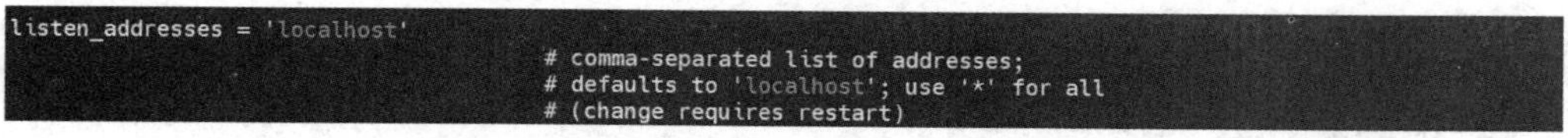

```
listen_addresses = 'localhost'
                                        # comma-separated list of addresses;
                                        # defaults to 'localhost'; use '*' for all
                                        # (change requires restart)
```

图 4-8 设置连接地址为本机

（2）重启数据库。

```
pg_ctl -D 数据库安装目录 restart
```

4.4.3 限制单个用户的连接数

风险分析 限制连接数是为了保证用户不被任意连接。

加固详情 有效控制连接数，可避免同一用户大量连接浪费线程。

加固步骤 在数据库中执行以下 SQL 语句。

```
ALTER user test CONNECTION LIMIT 1;
```

4.4.4 设置登录校验密码

风险分析 如果不设置登录校验密码，一旦服务器被攻破，攻击者就可以直接绕过验证登录数据库，存在未授权访问的风险。

加固详情 设置登录校验密码。

加固步骤

（1）修改配置文件 pg_hba.conf，添加如下参数。

- local all all scram-sha-256。
- Hostssl all all scram-sha-256。

设置登录校验密码完成后，如图 4-9 所示。

图 4-9 设置登录校验密码

（2）重启数据库。

```
pg_ctl -D 数据库安装目录 restart
```

4.5 备份与容灾

4.5.1 制定数据库备份策略

风险分析 备份数据是为了保证事故发生后可以用备份数据恢复服务，如果没有备份策略，可能导致数据遗失，进而影响业务。

加固详情 制定备份策略，指导备份的执行。备份策略如下。

（1）使用专用存储设备存放备份数据。

（2）重要数据使用增量备份。

（3）备份数据有效期至少为 3 个月。

（4）备份数据库配置文件、日志文件。

（5）定期恢复备份。

加固步骤

（1）编写一个备份数据的脚本。

（2）设置定时任务启用该脚本。

4.5.2 部署数据库应多主多从

风险分析 PostgreSQL 支持数据服务的高可用性，建议将数据库部署在多台不同主机上且使用多主多从部署的方式。这样做是为了保证业务的延续性，不至于一台主机故障从而导致整个数据库故障。

加固详情 根据数据量以及主机资源等因素配置数据库主从同步。

加固步骤

（1）在不同主机上安装 PostgreSQL。

（2）根据业务和资源选择主从配置。

4.6 用户权限控制

风险分析 管理员拥有整个数据库的权限，如果过多地授予普通用户管理员权限，那么权限一旦被攻击者利用，将导致安全事故。

加固详情 撤销普通用户的管理员权限，只授予其某些特定权限。

加固步骤 执行 SQL 语句撤销用户权限。

```
alter role ××× NOCREATEROLE（×××代表用户）
```

4.7 安装和升级安全配置

4.7.1 确保安装包来源可靠

风险分析 在网络上有很多途径可以获得安装包，然而从未知或未授权的软件源获取的安装包可能存在安全隐患甚至包含恶意病毒文件。所以，必须从正规途径获取安装包。

加固详情 确保配置的软件源有效且经过认证。

加固步骤 配置 yum 源。

4.7.2 确保正确配置服务运行级别

风险分析 在系统上设置服务运行级别，可保证服务保持在存活状态。

加固详情 配置 PostgreSQL 服务默认运行级别为 on。

加固步骤

（1）在主机上执行如下注册服务的命令。

```
chkconfig --add postgresql
```

（2）在主机上执行如下设置运行级别的命令。

```
chkconfig --level 3 postgresql
```

4.7.3 配置数据库运行账号文件掩码

风险分析 数据库运行账号文件掩码为 002。如果创建的文件权限过大，且掩码设置不合理，则会导致所有用户可读可写，存在安全隐患，所以要设置合理的文件掩码。

加固详情 设置掩码为 077，只有数据库用户可读写执行。

加固步骤

（1）切换到数据库用户（例如 postgresql）。

```
su postgresql
```

（2）设置掩码为 077。

```
umask 077
```

第 5 章

Redis

Redis 作为高性能的 Key-Value 数据库，本身也是存在很多安全漏洞的，比如 Redis 未授权访问、外部命令注入和 SSRF（Server-Side Request Forgery，服务器端请求伪造）等。本章以 Redis 4 为例，介绍 Redis 在认证鉴权、密码策略、数据备份与容灾等方面需要关注的安全配置项。合理进行安全配置加固可以让我们的 Redis 数据库变得更加安全，从而使它自身的安全漏洞不危害我们的系统。

5.1 身份认证连接

5.1.1 限制客户端认证超时时间

风险分析 限制客户端认证超时时间，可以防止无效客户端长时间占用连接通道，避免同一用户大量连接浪费线程。

加固详情 限制客户端认证超时时间。

加固步骤 登录 Redis，执行命令。

```
config set timeout 60
```

5.1.2 检查数据库是否设置连接尝试次数

风险分析 恶意攻击者攻击的第一步就是无限次地尝试登录数据库，限制连接尝试次数是为了保证密码不被恶意破解。

加固详情 设置连接尝试次数，防止暴力破解。

加固步骤 登录 Redis，执行命令。

```
config set maxauthfailtimes 3
```

5.1.3 配置账号锁定时间

风险分析 配置账号锁定时间是为了保证密码不被暴力破解。

加固详情 配置账户锁定时间，防止暴力破解。

加固步骤 登录 Redis，执行命令。

```
config set authfaillocktime 5
```

5.2 账号密码认证

风险分析 设置认证密码，防止未授权访问。

加固详情 登录启用身份认证，设置密码。

加固步骤 登录 Redis，执行命令。

```
config set requirepass 密码
```

（密码应符合密码策略，要求包含数字、普通字符、大小写字母和特殊字符，且长度大于或等于 8 位）

5.3 目录文件权限

5.3.1 确保配置文件及目录权限合理

风险分析 配置合理的权限可保证数据库文件及目录的完整性、机密性，如果权限过大会导致其他用户可读可写，致使敏感信息泄露甚至是 DoS，所以要确保配置文件及目录权限最小化。

加固详情 限制配置文件及目录的权限将有益于防止数据信息被泄露，或被恶意修改。

加固步骤 在 Redis 部署主机上执行命令，设置配置文件及目录路径权限为 700。

```
chmod 700 配置文件及目录路径
```

5.3.2 备份数据权限最小化

风险分析 备份数据权限最小化是为了保证备份数据的完整性、机密性，避免权限过大导致其他用户可读。

加固详情 限制备份数据的权限将有益于防止数据信息被泄露，或被恶意修改。

加固步骤 在 Redis 部署主机上执行命令，设置备份数据文件权限为 600。

```
chmod  600 备份数据文件
```

5.3.3 日志文件权限最小化

风险分析 日志文件权限最小化是为了保证日志的完整性、可追溯性、机密性，避免权限过大导致其他用户可读。

加固详情 限制日志文件的权限将有益于防止数据信息被泄露，或被恶意修改。

加固步骤 在 Redis 部署主机上执行命令，设置日志文件权限为 600。

```
chmod  600 日志文件
```

5.4 备份与容灾

5.4.1 制定数据库备份策略

风险分析 备份数据是为了保证事故发生后可以用备份数据恢复服务，如果没有备份策略，可能导致数据遗失，进而影响业务。

加固详情 建议制定备份策略，指导备份的执行。备份策略如下。

（1）使用专用存储设备存放备份数据。

（2）重要数据使用增量备份。

（3）备份数据有效期至少为 3 个月。

（4）备份数据库配置文件、日志文件。

（5）定期恢复备份。

加固步骤

（1）编写一个备份数据的脚本。

（2）设置使用定时任务启用该脚本。

5.4.2 部署数据库应多主多从

风险分析 Redis 支持数据服务的高可用性，建议将数据库部署在多台不同主机上且使用多主多从部署的方式，这样做是为了保证业务的延续性，不至于一台主机故障从而导致整个数据库故障。

加固详情 根据数据量以及主机资源等因素配置数据库主从同步。

加固步骤

（1）在不同主机上安装 Redis。

（2）根据业务和资源选择主从配置。

5.5 安装与升级

5.5.1 确保使用最新安装补丁

风险分析 数据库如果不升级到最新版本，则容易被攻击者利用其存在的安全漏洞进行攻击。

加固详情 确保数据库版本为最新并修复已知的安全漏洞。

加固步骤

（1）登录 Redis 所在主机，执行以下命令查看版本信息。

```
redis-server --version
```

（2）查看 Redis 官网，比较补丁修复情况，确保使用最新安装补丁。

5.5.2 使用 Redis 专用账号启动进程

风险分析 运行进程时使用专用低权限用户，避免因账号权限过高导致攻击者利用数据库漏洞访问主机其他资源。

加固详情 创建一个普通用户启动进程。

加固步骤

（1）创建普通用户，例如用户名为 redis 的普通用户。

```
[root@host188 ~]# useradd redis
[root@host188 ~]# passwd redis
Changing password for user redis.
New password:
Retype new password:
passwd: all authentication tokens updated successfully.
```

（2）使用步骤（1）创建的用户启动服务。

```
[root@host188 ~]# sudo redis redis-server  #启动 Redis
```

5.5.3 禁止 Redis 运行账号登录系统

风险分析 禁止 Redis 运行账号登录系统可以防止攻击者利用 Redis 数据库漏洞反弹 Shell。

加固详情 Redis 运行账号在安装完数据库后，不应该还有其他用途，建议禁止该账号登录系统。

加固步骤 执行下列语句禁止 Redis 运行账号登录系统，假设运行账号名为 redis，如图 5-1 所示。

```
[root@master01 ~]# usermod -s /sbin/nologin redis
[root@master01 ~]# grep redis /etc/passwd
redis:x:1001:1001::/home/redis:/sbin/nologin
[root@master01 ~]#
```

图 5-1 禁止 Redis 运行账号登录系统

5.5.4 禁止 Redis 使用默认端口

风险分析 Redis 使用默认端口，更容易被攻击者发现数据库并攻击。

加固详情 安装数据库后，修改默认端口 6379 为其他端口，隐藏数据库。

加固步骤

（1）修改配置文件，修改默认端口为 8009，如图 5-2 所示。

```
# If port 0 is specified Redis will not listen on a TCP socket.
port 8009
```

图 5-2 修改默认端口为 8009

（2）重启数据库。

```
systemctl restart redis
```

第 6 章

MongoDB

MongoDB 是基于分布式文件存储的数据库。它在默认安装下是不安全的，关于这方面的问题在官网上有所说明。所以我们需要在安装之后进行一些配置，从而使它变得安全。本章以 MongoDB 4 为例，介绍 MongoDB 在身份认证、备份与容灾、权限控制、传输加密等方面需要关注的安全配置项。

6.1 安装和补丁

6.1.1 确保使用最新版本数据库

风险分析 数据库如果不升级到最新版本，则容易被攻击者利用其存在的安全漏洞进行攻击。

加固详情 确保数据库版本为最新并修复已知的安全漏洞。

加固步骤

（1）进入数据库执行以下命令查看当前版本号。

```
db.version()
```

（2）查看官网，比较补丁修复情况，确保使用最新版本。

6.1.2 使用 MongoDB 专用账号启动进程

风险分析 运行进程时使用专用低权限用户，避免账号权限过高而导致攻击者利用数据库漏洞访问主机其他资源。

加固详情 创建一个普通用户启动进程。

加固步骤

（1）创建普通用户，例如用户名为mongo的普通用户。

```
[root@host188 ~]# useradd mongo
[root@host188 ~]# passwd mongo
Changing password for user mongo.
New password:
Retype new password:
passwd: all authentication tokens updated successfully.
```

（2）使用步骤（1）创建的用户启动服务。

```
[root@host188 ~]# sudo mongo ./mongod --dbpath=data目录 --logpath=日志目录 -fork  #
启动MongoDB
```

6.1.3 确保MongoDB未使用默认端口

风险分析 MongoDB使用默认端口，更容易被攻击者发现数据库并攻击。

加固详情 安装数据库后，修改默认端口27017为其他端口，隐藏数据库。

加固步骤

（1）修改配置文件mongodb.conf，修改端口为非默认的端口。例如修改端口为35171端口，如图6-1所示。

```
port=35171
```

图6-1 修改默认端口为35171端口

（2）执行以下命令重启数据库。

```
kill mongodb进程号
mogod -f mongodb.conf
```

6.1.4 禁止MongoDB运行账号登录系统

风险分析 禁止MongoDB运行账号登录系统可以防止攻击者利用MongoDB数据库漏洞反弹Shell。

加固详情 MongoDB运行账号在安装完数据库后，不应该还有其他用途，建议禁止该账号登录系统。

加固步骤

执行以下命令，禁止MongoDB运行账号登录系统，例如运行账号名为mongo，如图6-2所示。

```
[root@host188 ~]# usermod -s /sbin/nologin mongo
[root@host188 ~]# grep mongo /etc/passwd
mongo:x:1002:1002::/home/mongo:/sbin/nologin
```

图6-2 禁止MongoDB运行账号登录系统

6.2 身份认证

6.2.1 确保启用身份认证

风险分析 启用身份认证可确保任意用户登录数据库前均需要进行身份认证，防止非法登录。

加固详情 登录前进行身份认证。

加固步骤

（1）修改配置文件 mongodb.conf，添加参数 auth=true，启用身份认证，如图 6-3 所示。

```
auth=true
```

图 6-3 启用身份认证

（2）重启数据库。

```
kill mongodb 进程号
mogod -f mongodb.conf
```

6.2.2 确保本机登录进行身份认证

风险分析 启用身份认证可确保任意用户从本地登录数据库前均需要进行身份认证，防止非法登录。

加固详情 登录前进行身份认证。

加固步骤

（1）修改配置文件 mongodb.conf，添加参数 enableLocalhostAuthBypass=false，启用本机登录身份认证，如图 6-4 所示。

```
enableLocalhostAuthBypass=false
```

图 6-4 启用本机登录身份认证

（2）重启数据库。

```
kill mongodb 进程号
mogod -f mongodb.conf
```

6.2.3 检查是否限制连接地址与设备

风险分析 MongoDB 默认任意设备和地址都可以连接到数据库，限制连接地址与设备可降低攻击者从不同地址攻破数据库的可能性。

加固详情　设置 IP 白名单限制访问范围，缩小 MongoDB 攻击面。

加固步骤

（1）修改配置文件 mongodb.conf，添加参数 bind_ip=127.0.0.1，如图 6-5 所示。

```
bind_ip=127.0.0.1
```

图 6-5　添加参数 bind_ip=127.0.0.1

（2）重启数据库。

```
kill mongodb 进程号
mogod -f mongodb.conf
```

6.2.4　确保在集群环境中启用身份认证

风险分析　如果在集群环境中不启用身份认证，可导致非授权用户绕过认证，非法登录数据库。

加固详情　在集群环境中使用证书密钥进行身份认证。

加固步骤

（1）在部署 MongoDB 的主机上创建密钥文件。

（2）在配置文件 mongodb.conf 中添加密钥。

```
keyFile=/路径/key 文件
```

（3）重启数据库。

```
kill mongodb 进程号
mogod -f mongodb.conf
```

6.3　备份与容灾

6.3.1　制定数据库备份策略

风险分析　备份数据是为了保证事故发生后可以用备份数据恢复服务，如果没有备份策略，可能导致数据遗失，进而影响业务。

加固详情　建议制定备份策略，指导备份的执行。备份策略如下。

（1）使用专用存储设备存放备份数据。

（2）重要数据使用增量备份。

（3）备份数据有效期至少为 3 个月。

（4）备份数据库配置文件、日志文件。

（5）定期恢复备份。

加固步骤

（1）编写一个备份数据的脚本。

（2）设置定时任务启用该脚本。

6.3.2 部署数据库应多主多从

风险分析 MongoDB 支持数据服务的高可用性，建议将数据库部署在多台不同主机上且使用多主多从部署的方式，这样做是为了保证业务的延续性，不至于一台主机故障从而导致整个数据库故障。

加固详情 根据数据量、主机资源等因素配置数据库主从同步。

加固步骤

（1）在不同主机上安装 MongoDB。

（2）根据业务和资源选择主从配置。

6.4 日志与审计

6.4.1 确保日志记录内容完整

风险分析 配置日志记录内容完整有利于用户全面了解运行、错误信息。

加固详情 配置日志记录内容完整。

加固步骤

（1）修改配置文件 mongodb.conf，添加参数 quiet=true，启用日志记录，如图 6-6 所示。

```
quiet=true
```

图 6-6 添加参数 quiet=true

（2）重启数据库。

```
kill mongodb 进程号
mogod -f mongodb.conf
```

6.4.2 确保添加新日志采用追加方式而不是覆盖

风险分析 MongoDB 默认添加新日志会覆盖旧日志，如果新日志过大，可能会覆盖一些关键的旧日志，导致无法追溯某些重要事件。

加固详情　建议采用追加方式，以免丢失重要的旧日志。

加固步骤

（1）修改配置文件 mongodb.conf，添加参数 logappend=true，配置日志采用追加方式，如图 6-7 所示。

```
logappend=true
```

图 6-7　配置日志采用追加方式

（2）重启数据库。

```
kill mongodb 进程号
mogod -f mongodb.conf
```

6.5　目录文件权限

6.5.1　确保配置文件及目录权限合理

风险分析　配置合理的权限可保证数据库文件及目录的完整性、机密性，如果权限过大会导致其他用户可读可写，致使敏感信息泄露甚至是 DoS，所以要确保配置文件及目录权限最小化。

加固详情　限制配置文件及目录的权限将有益于防止数据信息被泄露，或被恶意修改。

加固步骤　在主机上执行命令，设置配置文件 mongodb.conf 权限为 700。

```
chmod 700 配置文件 mongodb.conf
```

6.5.2　备份数据权限最小化

风险分析　备份数据权限最小化是为了保证备份数据的完整性、机密性，避免权限过大导致其他用户可读。

加固详情　限制备份数据的权限将有益于防止数据信息被泄露，或被恶意修改。

加固步骤　在主机上执行命令，设置备份数据文件权限为 600。

```
chmod 600 备份数据文件
```

6.5.3　日志文件权限最小化

风险分析　日志文件权限最小化是为了保证日志的完整性、可追溯性、机密性，避免权限过大导致其他用户可读。

加固详情 限制日志文件的权限将有益于防止数据信息被泄露，或被恶意修改。

加固步骤 在主机上执行命令，设置日志文件 mongodb.log 权限为 600。

```
chmod 600 日志文件 mongodb.log
```

6.5.4 确保密钥证书文件权限最小化

风险分析 限制密钥证书文件权限最小化，防止密钥证书文件被盗取、替换、破解等恶意事件的发生。

加固详情 MongoDB 支持密钥证书文件方式的身份认证，所以要对密钥证书文件做权限限制。

加固步骤

（1）查询配置文件，确定密钥证书文件路径。

```
grep  -i  keyfile  mongodb.conf
```

（2）在主机上执行命令，设置密钥证书文件权限为 600。

```
chmod 600 keyfile（上一步骤中查询到的结果密钥证书文件）
```

6.6 权限控制

6.6.1 确保使用基于角色的访问控制

风险分析 如果不配置基于角色的访问控制，那么默认创建用户权限太大，可被攻击者利用以攻击系统。

加固详情 使用角色控制数据库账号权限，可降低安全风险。

加固步骤

（1）创建角色。

（2）给角色仅分配必要的权限。

（3）基于角色创建用户。

6.6.2 确保每个角色都是必要的且权限最小化

风险分析 系统中不必要的角色更容易被攻击者利用，同时角色权限设置不合理也存在安全隐患。

加固详情 建议定期检查角色以及权限，删除不必要的角色和权限。

加固步骤

（1）进入数据库执行命令。

```
db.runCommand(
... {rolesInfo:1,
... showPrivileges:true,
... showBuiltinRoles:true
... }
... )
```

（2）查看角色是否有必要存在且权限最小化。

（3）删除角色。

```
db.droprole('角色名')
```

6.6.3 检查具有 root 用户角色的用户

风险分析 应做到普通用户权限最小化，限制具有 root 用户角色的用户，避免具有 root 用户角色的用户过多导致数据库被攻击，造成信息泄露等安全问题。

加固详情 建议删除部分具有 root 用户角色的用户，做到用户权限最小化。

加固步骤 进入数据库执行命令。

（1）数据库 root 用户。

```
db.runCommand({rolesInfo:"dbOwner"});
db.runCommand({rolesInfo:"userAdmin"});
db.runCommand({rolesInfo:"userAdminAnyDatabase"});
```

（2）文件管理类 root 用户。

```
db.runCommand ({rolesInfo:"readWriteAnyDatabase "});
db.runCommand ({rolesInfo:"dbAdminAnyDatabase"});
db.runCommand ({rolesInfo:"userAdminAnyDatabase"});
db.runCommand ({rolesInfo:"clusterAdmin"});
```

（3）集权管理超级权限。

```
db.runCommand({rolesInfo:"hostManager"});
```

判断用户是否有必要具有此类权限。

（4）删除用户。

```
db.removeUser("用户名");
```

6.7 传输加密

6.7.1 确保禁用旧版本 TLS 协议

风险分析 旧版本 TLS 协议（主要是 TLS 1.0 和 TLS 1.1）的某些密码算法（比如 SHA-1、RC4 算法）已经被认为是不安全的，所以应禁用旧版本 TLS 协议。

加固详情 为提高传输数据的安全性，应禁用旧版本 TLS 协议。

加固步骤

（1）修改配置文件 mongodb.conf，添加参数 disabledProtocols: TLS1_0,TLS1_1，禁用旧版本 TLS 协议，如图 6-8 所示。

```
disabledProtocols: TLS1_0,TLS1_1
```

图 6-8 禁用旧版本 TLS 协议

（2）重启数据库。

```
kill mongodb 进程号
mogod -f mongodb.conf
```

6.7.2 确保网络传输使用 TLS 加密

风险分析 所有的网络请求都必须经过 TLS 加密后才能访问数据库，防止数据劫持和中间窃取。

加固详情 为提高传输数据的安全性，必须使用 TLS 加密后传输。

加固步骤

（1）修改配置文件 mongodb.conf，添加以下参数。

```
ssl:
Mode:requireTLS
PEMKeyFile:/xxx/mongodb.pem
CAFile:/xxx/ca.pem
```

配置网络传输使用 TLS 加密如图 6-9 所示。

```
ssl:
Mode:requireTLS
PEMKeyFile:/xxx/mongodb.pem
CAFile:/xxx/ca.pem
```

图 6-9 配置网络传输使用 TLS 加密

（2）重启数据库。

```
kill mongodb进程号
mogod -f mongodb.conf
```

综上所述，数据库作为承载关键数据的核心，普遍面临巨大的安全风险，所以建议各行业的用户、单位进行数据库加固建设，加大对数据库安全防护的投入，避免核心业务数据库被SQL注入攻击或者越权访问。本篇主要针对数据库漏洞、弱密码、身份认证、网络安全、审计和日志安全、权限配置、安全策略的数据后门及木马等问题，提出加固建议和方案，希望对读者有所帮助。企业在快速发展的信息时代中，只有对数据库加固方案等安全措施进行有效的实施和管理，才能确保企业重要数据和信息的安全。

第3篇

中间件安全

中间件是解耦具体业务和底层逻辑的软件，数据管理、应用服务、消息传递、身份验证、API（Application Program Interface，应用程序接口）管理等，通常使用中间件来实现。中间件作为一种独立的系统软件，使用系统软件的基础服务或功能，来衔接应用系统的各个部分，以达到资源共享的目的。简单地说，中间件就是平台和通信的结合，仅限于分布式系统，可提供跨网络、跨硬件、跨操作系统平台的服务交互。

在万物互联时代，无论是个人还是企业，都面临严峻的漏洞攻击威胁，中间件出现安全漏洞对于系统软件来说是致命的。本篇主要介绍 Tomcat、Nginx、WebLogic、JBoss、Apache、IIS、WebSphere 等常见中间件的安全概况、安全加固实践等技术内容，以帮助读者提高安全防范意识和企业中间件安全治理能力。

中间件主要的安全加固内容如表 P-3 所示。

表 P-3　中间件主要的安全加固内容

序号	分类	项目
1	账号管理和认证授权	账号、密码
2	通信协议安全	启用 HTTPS 传输、更改 Tomcat 默认端口
3	日志安全配置	日志记录设置
4	其他安全配置	登录超时、错误重定向、禁止显示文件

第7章 Tomcat

Tomcat 服务器是一种 Web 应用服务器，适合开发小项目时使用，是 Web 开发过程中常用的一种 Servlet 容器。本章以 Tomcat 8.0 为例展开介绍。

7.1 安全配置

7.1.1 以普通用户运行 Tomcat

风险分析 攻击者可以利用提权漏洞获得更高级别的系统访问权限，存在提权风险。

加固详情 应在普通用户的模式下，运行 Tomcat 的启动脚本。查看当前系统的 Tomcat 进程，程序启动时使用的身份应为非 root 用户。

加固步骤 以普通用户身份运行 Tomcat。

7.1.2 修改默认端口

风险分析 默认端口存在漏洞利用的风险。

加固详情 使用 HTTP（Hypertext Transfer Protocol，超文本传送协议）的设备，应修改 Tomcat 的默认端口。

加固步骤

（1）编辑 conf/server.xml 文件，修改默认端口为 xxx。

```
<Connector port="xxx" protocol="HTTP/1.1"
connectionTimeout="20000"
redirectPort="8443" />
```

（2）重启 Tomcat 服务。

```
/安装目录/tomcat/bin/shutdown.sh
/安装目录/tomcat/bin/startup.sh
```

7.1.3 设置密码长度和复杂度

风险分析 攻击者通过爆破密码可以获得系统权限，弱密码存在被爆破的风险。

加固详情 对于采用静态密码认证技术的设备，密码长度应至少为 8 位，并且包括数字、小写字母、大写字母和特殊符号 4 类中至少 3 类。

加固步骤

（1）在 conf/tomcat-user.xml 文件中，设置符合要求的密码。

```
<user username="tomcat" password="Manager!@34" roles="">
```

（2）重启 Tomcat 服务。

```
/安装目录/tomcat/bin/shutdown.sh
/安装目录/tomcat/bin/startup.sh
```

7.1.4 配置日志功能

风险分析 如果未配置日志功能，那么在系统被攻击后，攻击事件将无法溯源。

加固详情 应配置日志功能，对用户登录进行记录，记录内容包括用户登录使用的账号、登录是否成功、登录时间以及远程登录时使用的 IP 地址。

加固步骤

（1）编辑 conf/server.xml 文件，将以下内容的注释标记删除。

```
<Valve className="org.apache.catalina.valves.AccessLogValve" directory="logs"
prefix="localhost_access_log." suffix=".txt"
pattern="common" />
```

（2）重启 Tomcat 服务。

```
/安装目录/tomcat/bin/shutdown.sh
/安装目录/tomcat/bin/startup.sh
```

7.1.5 设置支持使用 HTTPS 等加密协议

风险分析 攻击者可以通过流量嗅探获取明文信息，存在中间人攻击的风险。

加固详情 对于通过 HTTP 进行远程维护的设备，应支持使用 HTTPS 等加密协议。

加固步骤

（1）用 JDK（Java Development Kit，Java 开发工具包）自带的工具 keytool 生成一个证书。

```
    keytool -genkey -alias tomcat -keyalg RSA -keystore /usr/local/tomcat7/conf/①
<Connector port="8443" protocol="org.apache.coyote.http11.Http11Protocol"
    maxThreads="150" SSLEnabled="true" scheme="https" secure="true"
    clientAuth="false" sslProtocol="TLS"
    keystoreFile="/usr/local/tomcat7/conf/"
    keystorePass="Manager!@34" />
```

（2）重启 Tomcat 服务。

```
/安装目录/tomcat/bin/shutdown.sh
/安装目录/tomcat/bin/startup.sh
```

7.1.6 设置连接超时时间

风险分析 攻击者可以通过发送钓鱼页面非法访问合法网站，存在跨站请求伪造的风险。

加固详情 应支持定时自动退出登录，自动退出登录时间不大于 30s。

加固步骤

（1）编辑 conf/server.xml 文件，根据具体情况设置 connectionTimeout 的值。

```
<Connector port="xxx" protocol="HTTP/1.1"
connectionTimeout="20000"
redirectPort="8443" />
```

（2）重启 Tomcat 服务。

```
/安装目录/tomcat/bin/shutdown.sh
/安装目录/tomcat/bin/startup.sh
```

7.1.7 禁用危险的 HTTP 方法

风险分析 PUT、DELETE 等 HTTP 方法存在参数注入的风险，攻击者可以通过注入参数来获取服务器敏感信息。

加固详情 Tomcat 应禁用 PUT、DELETE 等危险的 HTTP 方法。

加固步骤

（1）编辑 conf/web.xml 文件，配置 org.apache.catalina.servlets.DefaultServlet 的初始化参数，将 readonly 设置为 true。

```
<init-param>
<param-name>readonly</param-name>
```

---

① /usr/local/tomcat7/conf/为证书存放位置，编辑 conf/server.xml 文件，取消 SSL 配置的注释，并添加证书路径 keystoreFile 和密码 keystorePass。

```
<param-value>true</param-value>
</init-param>
```

（2）重启 Tomcat 服务。

```
/安装目录/tomcat/bin/shutdown.sh
/安装目录/tomcat/bin/startup.sh
```

7.2 权限控制

7.2.1 禁用 manager 功能

风险分析 攻击者可以遍历服务器目录，存在目录遍历的风险。

加固详情 应禁用 Tomcat 默认提供的管理页面。

加固步骤 移除 webapps 目录下的 manager 目录，禁用 manager 功能。

7.2.2 禁止 Tomcat 显示文件列表

风险分析 攻击者可以遍历服务器目录，存在目录遍历的风险。

加固详情 应禁止 Tomcat 显示文件列表，当 Web 目录下没有默认首页（如 index.html、index.jsp 等文件）时，不会列出目录内容。

加固步骤

（1）编辑 conf/web.xml 文件，将 listings 设置为 false。

```
<init-param>
<param-name>listings</param-name>
<param-value>false</param-value>
</init-param>
```

（2）重启 Tomcat 服务。

```
/安装目录/tomcat/bin/shutdown.sh
/安装目录/tomcat/bin/startup.sh
```

第 8 章

Nginx

Nginx 是一款 HTTP 和反向代理的 Web 服务器，性能极高，提供 IMAP/POP3/SMTP 服务，在同类的 Web 服务器中，Nginx 的并发能力较强，并且占用内存少。本章以 Nginx 1.20.2 为例展开介绍。

8.1 协议安全

8.1.1 配置 SSL 协议

风险分析 攻击者可以通过流量嗅探获取明文信息，存在中间人攻击的风险。

加固详情 配置 SSL 协议。

加固步骤 编辑 nginx.conf 文件和可用站点默认文件包含 ssl on。

8.1.2 限制 SSL 协议和密码

风险分析 攻击者可以通过流量嗅探获取明文信息，存在中间人攻击的风险。

加固详情 SSLv2 协议不安全，不应使用。较新的 TLS 协议优于旧的，应该使用，并使用安全的加密密钥。

加固步骤 修改 nginx.conf 文件中的 ssl_ciphers 字段，使其包含以下内容。

```
ALL:!EXP:!NULL:!ADH:!LOW:!SSLv2:!MD5:!RC4
```

8.2 安全配置

8.2.1 关闭默认错误页的 Nginx 版本号

风险分析 攻击者可以在响应中获取 Nginx 版本号，为下一步攻击做准备，存在敏感信息泄露的风险。

加固详情 如果在浏览器中出现 Nginx 自动生成的错误消息，默认情况下会包含 Nginx 的版本号。这些信息可以被攻击者用来帮助他们发现服务器的潜在漏洞。

加固步骤 nginx.conf 文件中的 server_tokens 应设置为 off。

8.2.2 设置 client_body_timeout 超时

风险分析 攻击者可以通过发送钓鱼页面非法访问合法网站，存在跨站请求伪造的风险。

加固详情 client_body_timeout 用于设置请求体（request body）的读超时时间。如果在一次读取中，Nginx 没有得到请求体，就会被判定请求超时。超时后，Nginx 返回 HTTP 状态码 408。

加固步骤 nginx.conf 文件中的 client_body_timeout 应设置为 10。

8.2.3 设置 client_header_timeout 超时

风险分析 攻击者可以通过发送钓鱼页面非法访问合法网站，存在跨站请求伪造的风险。

加固详情 client_header_timeout 用于设置等待客户端发送一个请求头的超时时间。如果在一次读取中，Nginx 没有得到请求头，就会被判定请求超时。超时后，Nginx 返回 HTTP 状态码 408。

加固步骤 nginx.conf 文件中的 client_header_timeout 应设置为 10。

8.2.4 设置 keepalive_timeout 超时

风险分析 攻击者可以通过发送钓鱼页面非法访问合法网站，存在跨站请求伪造的风险。

加固详情 keepalive_timeout 用于设置连接超时时间。服务器将会在超过这个时间后关闭连接。

加固步骤 nginx.conf 文件中的 keepalive_timeout 应设置为 55。

8.2.5 设置 send_timeout 超时

风险分析 攻击者可以通过发送钓鱼页面非法访问合法网站，存在跨站请求伪造的风险。

加固详情 send_timeout 用于设置客户端的响应超时时间。这个设置不会用于整个转发器，而是用于两次客户端读取操作之间。如果在这段时间内，客户端没有读取任何数据，Nginx 就会关闭连接。

加固步骤 nginx.conf 文件中的 send_timeout 应设置为 10。

8.2.6 设置只允许 GET、HEAD、POST 方法

风险分析 PUT、DELETE 等 HTTP 方法存在参数注入的风险，攻击者可以通过注入参数来获取服务器敏感信息。

加固详情 Web 服务器方法在 RFC 2616 中定义。Web 服务器应禁用不需要实现的可用方法。

加固步骤 nginx.conf 文件中应存在以下内容。

```
if ($request_method !~ ^(GET|HEAD|POST)$ )
```

8.2.7 控制并发连接

风险分析 攻击者可以通过流量泛洪来消耗服务器资源，存在 DDoS 攻击的风险。

加固详情 limit_zone 配置项用于限制来自客户端的同时连接数。通过此配置项，可以从一个地址限制分配会话的同时连接数量或特殊情况。

加固步骤 nginx.conf 文件中的 limit_zone 应设置为 slimits $binary_remote_addr 5m，limit_conn 应设置为 slimits 5。

第 9 章

WebLogic

WebLogic 属于 Java 应用服务器，它可用于开发、集成、部署和管理大型分布式 Web、数据库和网络应用。本章以 WebLogic 14.1.1.0 为例展开介绍。

9.1 安全配置

9.1.1 以非 root 用户运行 WebLogic

风险分析 攻击者可以利用提权漏洞获得更高级别的系统访问权限，存在提权的风险。

加固详情 WebLogic 进程的用户应该是非 root 用户。查看当前系统的 WebLogic 进程，确认程序启动时使用的身份，禁止使用 root 用户启动 WebLogic。

加固步骤

（1）执行 groupadd WebLogic 创建 WebLogic 组。

（2）创建 WebLogic 用户并加入 WebLogic 组。

（3）以 WebLogic 身份启用服务。

9.1.2 设置加密协议

风险分析 攻击者可以通过流量嗅探获取明文信息，存在中间人攻击的风险。

加固详情 对于通过 HTTP 进行远程维护的设备，设备应支持使用 HTTPS 等加密协议。

加固步骤

（1）启用 SSL 监听，登录控制台选择“环境”>“服务器”>“服务器选择”>“一般信息”，勾选“启用 SSL 监听端口”并保存，激活更改。

（2）修改 SSL 默认监听端口，登录控制台选择“环境”>“服务器”>“服务器选择”>“一般信息”，设置 SSL 监听端口号（非 7002）并保存，激活更改。

（3）配置 SSL 拒绝日志记录，登录控制台选择“环境”>“服务器”>“服务器选择”>“配置”>“SSL”，单击“高级”，勾选“启用 SSL 拒绝日志记录”并保存，激活更改。

（4）配置主机名认证，登录控制台选择“环境”>“服务器”>“服务器选择”>“配置”>“SSL”>“高级”，主机名验证选择“BEA 主机名验证”并保存，激活更改。

（5）修改主机名认证器，登录控制台选择“环境”>“服务器”>“服务器选择”>“配置”>“SSL”>“高级”，定制主机名验证器为空并保存，激活更改。

9.1.3 设置账号锁定策略

风险分析 攻击者通过暴力破解密码可以获得系统权限，存在密码被暴力破解的风险。

加固详情 对于采用静态密码认证技术的设备，应配置当用户连续认证失败次数超过 6 次（不含 6 次）时，锁定该用户使用的账号。

加固步骤

（1）配置失败锁定允许尝试次数，登录控制台选择“安全领域”>“领域选择”>“配置”>“用户封锁”，勾选“启用封锁”，把“封锁阈值”设置为一个小于或等于 6 的值并保存，激活更改。

（2）配置锁定持续时间，登录控制台选择“安全领域”>领域选择>“配置”>“用户封锁”，勾选“启用封锁”，把“封锁持续时间”设置为一个大于或等于 30 的值并保存，激活更改。

（3）打开锁定账号策略，登录控制台选择“安全领域”>领域选择>“配置”>“用户封锁”，勾选“启用封锁”并保存，激活更改。

（4）配置锁定重置持续时间，登录控制台选择“安全领域”>领域选择>“配置”>“用户封锁”，勾选“启用封锁”，激活更改。

（5）保存，激活更改。

9.1.4 更改默认端口

风险分析 攻击者通过暴力破解密码可以获得系统权限，存在密码被暴力破解的风险。

加固详情 为防止恶意攻击，使攻击者难以找到数据库并定位，使用 HTTP 的设备应更改 WebLogic 服务器默认端口。

加固步骤 登录控制台选择“环境”>“服务器”>服务器选择>“配置”>“一般信息”，勾选“启用监听端口”，并修改默认端口号为非 7001 的数值（例如 8001）。

9.1.5 配置超时退出登录

风险分析 攻击者可以通过发送钓鱼页面非法访问合法网站，存在跨站请求伪造的风险。

加固详情　对于具备字符交互界面的设备，应支持定时账号自动退出登录。退出登录后用户须再次登录才能进入系统。设置 HTTP 超时退出登录、HTTPS 超时退出登录以及控制台会话超时。

加固步骤

（1）设置 HTTP 超时退出登录，登录控制台选择“环境”>“服务器”>服务器选择>“配置”>“优化”，登录超时设置为不大于 5000 的值并保存，激活更改。

（2）设置 HTTPS 超时退出登录，登录控制台选择“环境”>“服务器”>服务器选择>“配置”>“优化”，SSL 登录超时设置为不大于 10000 的值并保存，激活更改。

（3）设置控制台会话超时，登录控制台选择 “域名”>“配置”>“一般信息”>“高级”，修改控制台会话超时为不大于 300 的值并保存，激活更改。

9.1.6　配置日志功能

风险分析　攻击者攻击系统后，存在攻击后无法溯源的风险。

加固详情　设备应配置日志功能，对用户登录进行记录，记录内容包括用户登录使用的账号、登录是否成功、登录时间、使用的 IP 地址。

加固步骤　登录控制台选择“环境”>“服务器”>服务器选择>“日志记录”>“HTTP”，勾选“启用 HTTP 访问日志文件”并保存，激活更改。

9.1.7　设置密码复杂度符合要求

风险分析　攻击者通过暴力破解密码可以获得系统权限，存在密码被暴力破解的风险。

加固详情　对于采用静态密码认证技术的设备，密码长度至少为 8 位，并包括数字、小写字母、大写字母和特殊符号 4 类中至少 2 类。

加固步骤

登录控制台选择“安全领域”>领域选择>“提供程序”>“DefaultAuthenticator”>“配置”>“提供程序特定”，在“提供程序特定”里设置“最小密码长度”大于或等于 8 并保存，激活更改。

9.2　权限控制

9.2.1　禁用发送服务器标头

风险分析　攻击者可以通过发送服务器标头获取敏感信息。

加固详情　为防止恶意攻击，获取更多服务器信息，应该禁止发送服务器标头。

加固步骤 登录控制台选择“环境”>“服务器”>服务器选择>“协议”>“HTTP”，取消勾选“发送服务器标头”并保存，激活更改。

9.2.2 限制应用服务器 Socket 数量

风险分析 攻击者可以通过流量泛洪来消耗服务器资源，存在 DoS 攻击的风险。

加固详情 Socket（套接字）最大打开数量如果设置不当，容易受到 DoS 攻击，超出操作系统文件描述符限制。

加固步骤 登录控制台选择“环境”>“服务器”>服务器选择>“配置”>“优化”，修改“最大打开套接字数”为 254 或其他用户设定值并保存，激活更改。

第 10 章

JBoss

JBoss 是一个基于 J2EE（Java 2 Platform Enterprise Edition，Java 2 平台企业版）的应用服务器，在该领域 JBoss 具有很多优秀的特质，一般可与 Tomcat 绑定使用，是一种可管理 EJB（Enterprise Java Beans，企业级 JavaBean）的容器和服务器。本章以 JBoss 8.0 为例展开介绍。

10.1 账号安全

10.1.1 设置 jmx-console 登录的用户名、密码及其复杂度

风险分析 攻击者通过暴力破解密码可以获得系统权限，存在密码被暴力破解的风险。

加固详情 JBoss 应配置 jmx-console 登录的用户名、密码及其复杂度。密码长度至少为 8 位，并包括数字、小写字母、大写字母和特殊符号 4 类中至少 3 类。

加固步骤

（1）启用密码保护，修改 JBoss 目录下的

server/$CONFIG/deploy/jmx-console.war/WEB-INF/jboss-web.xml，去掉节点的注释。其中 $CONFIG 表示用户当前使用的 JBoss 服务器配置路径。修改 jboss-web.xml 同级目录下的 web.xml 文件，去掉节点的注释，在这里可以看到为登录配置了角色 JBossAdmin。

（2）复杂密码 jmx-console 的安全域和运行角色 JBossAdmin 都是在 login-config.xml 中配置的，该文件在 JBoss 的安装目录 server/$CONFIG/config 下可以找到。在 login-config.xml 中查找 jmx-console 的 application-policy 可以看到登录的角色、用户等信息分别在 server/$CONFIG/config/props 的 jmx-console-roles.properties 和 jmx-consoleusers.properties 文件中。

（3）在 jmx-console-roles.properties 和 jmx-consoleusers.properties 文件中配置用户名和符合复杂度的密码。

（4）重新启动 JBoss 服务。

10.1.2 设置 web service 登录的用户名、密码及其复杂度

风险分析 攻击者通过暴力破解密码可以获得系统权限，存在密码被暴力破解的风险。

加固详情 JBoss 应配置 web service 登录的用户名、密码及其复杂度。密码长度至少为 8 位，并包括数字、小写字母、大写字母和特殊符号 4 类中至少 3 类。

加固步骤

（1）启用密码保护，先修改配置文件

${home}$/common/${server_name}$/jbossws-console.war/WEB-INF/web.xml，将注释取消，然后修改配置文件

${home}$/common/${server_name}$/jbossws-console.war/WEBINF/jboss-web.xml，将注释取消。

（2）修改配置文件，设置满足复杂度要求的密码。

server/$CONFIG/conf/props/jbosswsusers.properties，将其中的 kermit=thefrog 修改为 kermit=复杂的密码。

（3）重新启动 JBoss 服务。

10.2 安全配置

10.2.1 设置支持加密协议

风险分析 攻击者可以通过流量嗅探获取明文信息，存在中间人攻击的风险。

加固详情 JBoss 应开启 HTTP 加密，使用 HTTPS 方式登录 JBoss 服务器管理页面。对于通过 HTTP 进行远程维护的设备，设备应支持使用 HTTPS 等加密协议。

加固步骤

（1）使用 JDK 自带的 keytool 工具生成证书，执行以下命令：JAVA_HOME/bin/keytool-genkey-alias tcssl-keyalg RSA -keystore /opt/keystore（/opt/keystore 为存储证书的位置）。

（2）编辑${jboss_path}/server/${jboss_server}/deploy/jbossweb.sar/server.xml 文件，取消 SSL/TLS 节点的配置，并设置 keystoreFile="/opt/keystore"、keystorePass="nsfocus"，修改后内容如下（视具体情况而定）。

```
<!-- SSL/TLS Connector configuration using the admin devl guide keystore -->
<Connector protocol="HTTP/1.1" SSLEnabled="true" port="8443"
address="${jboss.bind.address}" scheme="https" secure="true"
clientAuth="false" keystoreFile="/opt/keystore"
keystorePass="nsfocus" sslProtocol = "TLS" />
```

10.2.2 修改默认端口

风险分析 攻击者通过暴力破解密码可以获得系统权限，存在密码被暴力破解的风险。

加固详情 为防止恶意攻击，使攻击者难以找到数据库并定位，使用 HTTP 的设备应更改 JBoss 默认端口。

加固步骤 编辑${jboss_path}/server/${jboss_server}/deploy/jbossweb.sar/server.xml 配置文件，修改 8080 端口为 8100 端口，参考配置如下。

```
<!-- A HTTP/1.1 Connector on port 8080 -->
<Connector protocol="HTTP/1.1" port="8100" address="${jboss.bind.address}"
redirectPort="${jboss.web.https.port}" />
```

10.2.3 设置会话超时时间

风险分析 攻击者可以通过发送钓鱼页面非法访问合法网站，存在跨站请求伪造的风险。

加固详情 对于具备字符交互界面的设备，应支持账号定时自动退出登录。退出登录后用户须再次登录才能进入系统。登录 JBoss 默认页面时，应使用管理员账号登录，闲置 30min 后，用户自动退出登录。

加固步骤

编辑${jboss_path}/server/${jboss_server}/deploy/jbossweb.sar/server.xml 文件，将 Connector 节点的 connectionTimeout 的值修改为 1800。

10.2.4 限制目录列表访问

风险分析 攻击者可以遍历服务器目录，存在目录遍历的风险。

加固详情 应禁止 JBoss 列表显示文件，当 web 目录下没有默认首页（如 index.html、index.jsp 等文件）时，不会列出目录内容。

加固步骤

（1）编辑${jboss_path}/server/${jboss_server}/deploy/jbossweb.sar/web.xml 配置文件，进行如下修改。

```
<init-param>
<param-name>listings</param-name>
<param-value>false</param-value>
</init-param>
```

（2）重新启动 JBoss 服务。

10.2.5　记录用户登录行为

风险分析　如果未记录用户登录行为，那么在攻击者攻击系统后，将存在攻击后无法溯源的风险。

加固详情　设备应配置日志功能，对用户登录进行记录，记录内容包括用户登录使用的账号、登录是否成功、登录时间以及使用的 IP 地址。

加固步骤

（1）日志输出格式应为%d %-5p [%t] [%c{1}] %l %m%n。

（2）编辑${jboss_path}/server/${jboss_server}/deploy/jboss-logging.xml 配置文件，修改 periodic-rotating-filehandler 节点的 pattern 值。

第 11 章

Apache

Apache 全称为 Apache HTTP Server，是应用较多的一款 Web 服务器，其高安全性和支持跨平台的优质特性，让其在计算机平台中被广泛地使用。本章以 Apache 2.4.54 为例展开介绍。

11.1　账号安全

11.1.1　设置 Apache 用户账号 Shell 生效

风险分析　攻击者通过暴力破解密码可以获得系统权限，存在密码被暴力破解的风险。

加固详情　Apache 账号不能用作常规登录账号，应该分配一个无效或无浊登录 Shell 确保账号不能用于登录。Apache 账号 Shell 应为/sbin/nologin 或/dev/null。

加固步骤　修改 Apache 账号，使用无浊登录 Shell 或如/dev/null 的无效 Shell。

```
# chsh -s /sbin/nologin apache
```

11.1.2　锁定 Apache 用户账号

风险分析　攻击者通过暴力破解密码可以获得系统权限，存在密码被暴力破解的风险。

加固详情　Apache 运行的用户账号不应该有有效的密码，应该被锁定。

加固步骤　使用 passwd 命令锁定 Apache 账号。

```
# passwd -l apache
```

11.2 安全配置

11.2.1 禁用 SSL/TLS 协议

风险分析 攻击者可以通过流量嗅探获取明文信息，存在中间人攻击的风险。

加固详情 Apache SSLProtocol 指令指定允许的 SSL 和 TLS 协议。由于 SSLv2 和 SSLv3 协议已经过时并且容易造成信息泄露，所以都应该禁用，应只启用 TLS 协议。

加固步骤 在 Apache 配置文件中查找 SSLProtocol 指令，如果不存在，则添加该指令，或修改该指令值以匹配以下值之一。如果还可以禁用 TLS 1.0 协议，则首选设置“TLSv1.2”。

```
SSLProtocol TLSv1.2
SSLProtocol TLSv1
```

11.2.2 限制不安全的 SSL/TLS

风险分析 攻击者可以通过流量嗅探获取明文信息，存在中间人攻击的风险。

加固详情 不应启用 SSLInsecureRenegotiation 指令。

加固步骤 在 Apache 配置文件中查找 SSLInsecureRenegotiation 指令。如果存在，将该值修改为 off。

```
SSLInsecureRenegotiation off
```

11.2.3 设置 Timeout 小于或等于 10

风险分析 攻击者可以通过流量嗅探获取明文信息，存在中间人攻击的风险。

加固详情 Timeout 指令控制 Apache HTTP 服务器等待输入输出调用完成的最长时间（以秒为单位）。建议将 Timeout 指令设置为 10 或更小。

加固步骤 修改 Apache 配置文件，将 Timeout 设置为 10 或更小。

```
Timeout 10
```

11.2.4 设置 KeepAlive 为 On

风险分析 攻击者可以通过流量嗅探获取明文信息，存在中间人攻击的风险。

加固详情 KeepAlive 指令决定当处理完用户发起的 HTTP 请求后，是否立即关闭 TCP 连接。

加固步骤 修改 Apache 配置文件，将 KeepAlive 设置为 On，以启用 KeepAlive 连接。

```
KeepAlive On
```

11.2.5 设置 MaxKeepAliveRequests 大于或等于 100

风险分析 攻击者可以通过流量嗅探获取明文信息，存在中间人攻击的风险。

加固详情 当 KeepAlive 启用时，MaxKeepAliveRequests 指令限制每个连接允许的请求数量。如果设置为 0，则允许无限制的请求。建议将 MaxKeepAliveRequests 设置为 100 或更大。

加固步骤 修改 Apache 配置文件，将 MaxKeepAliveRequests 设置为 100 或更大。

```
MaxKeepAliveRequests 100
```

11.2.6 设置 KeepAliveTimeout 小于或等于 15

风险分析 攻击者可以通过流量嗅探获取明文信息，存在中间人攻击的风险。

加固详情 KeepAliveTimeout 指令指定在关闭持久连接前等待下一个请求的秒数。

加固步骤 修改 Apache 配置文件，将 KeepAliveTimeout 设置为 15 或更小。

```
KeepAliveTimeout 15
```

11.2.7 限制所有目录覆盖

风险分析 攻击者可以通过上传.htaccess 文件（由 AccessFileName 指定）来覆盖大部分配置，存在目录覆盖的风险。

加固详情 Apache AllowOverride 指令允许使用.htaccess 文件来覆盖大部分配置，包括身份验证、文档类型处理、自动生成的索引以及访问控制和选项。当服务器找到一个.htaccess 文件时，它需要知道该文件中声明的哪个指令可以覆盖较早的访问信息。当这个指令设置为 None 时，.htaccess 文件将被完全忽略。在这种情况下，服务器甚至不会尝试读取文件系统中的.htaccess 文件。

加固步骤 在 Apache 配置文件中应设置 AllowOverride None。

第 12 章 IIS

IIS（Internet Information Services，互联网信息服务）属于一种可运行在 Windows 系统中的中间件，主要用于文件解析，可解析的文件类型主要包括.Asp、.Asa、.Cer 等。本章以 IIS 10 为例展开介绍。

12.1 权限控制

12.1.1 卸载不需要的组件

风险分析 不需要的组件扩大了攻击面。

加固详情 在 IIS 安装过程中，应该根据具体的业务需求，只安装必需的组件，以避免安装其他一些不需要的组件而带来的安全风险。如网站正常运行只需要 ASP（Active Server Pages，活动服务器页面）环境，那就没必要安装.net 组件。

12.1.2 删除默认站点

风险分析 默认站点扩大了攻击面。

加固详情 关闭并删除默认 FTP 站点、默认 Web 站点等默认站点，一般不建议在默认站点上建立自己的站点。

12.1.3 设置网站目录权限

风险分析 攻击者可以利用提权漏洞获得更高级别的系统访问权限，存在提权的风险。

加固详情 网站上传目录和数据目录一般需要分配“写入”权限，但一定不要分配“执行”权限；其他目录一般只分配“读取”和“记录访问”权限。

12.1.4 限制应用程序扩展

风险分析 不必要的应用程序扩展扩大了攻击面。

加固详情 根据网站的实际情况，只保留必要的应用程序扩展，其他的一律删除，尤其是像.cer、.asa这种极其危险的扩展。

12.1.5 限制Web服务扩展

风险分析 不必要的Web服务扩展扩大了攻击面。

加固详情 检查是否有不必要的Web服务扩展，禁用这些不必要的Web服务扩展。

12.2 安全配置

12.2.1 日志功能设置

风险分析 攻击者可以利用提权漏洞获得更高级别的系统访问权限，存在提权风险。

加固详情 先检查是否启用了日志记录功能。如未启用，则启用它，且将日志格式设置为W3C（World Wide Web Consortium，万维网联盟）扩展日志格式，IIS中默认是启用日志记录的。接着修改IIS日志文件保存路径，默认保存在“C:\WINDOWS\system32\LogFiles”目录下，修改为自定义路径。建议保存在非系统盘路径，并且IIS日志文件所在目录只允许“Administrators”组用户和“SYSTEM”用户访问。

12.2.2 自定义错误信息

风险分析 默认的默认页面可能存在信息泄露的风险。

加固详情 打开“IIS管理器”，选择“属性”>“自定义错误”，用自定义的错误页面替换默认的默认页面。

第 13 章 WebSphere

WebSphere 是属于 IBM 的一款软件平台，它可提供针对跨平台和跨产品解决方案过程中所需的所有中间件基础设施。其中，WebSphere Application Server 是该设施的基础，可通过实现 Servlet 和 JSP（Java Server Pages，Java 服务器页面）API 来保证 Java 应用服务器的质量。本章以 WebSphere 6.1.0.0 为例展开介绍。

13.1 权限控制

13.1.1 控制 config 与 properties 目录权限

风险分析 攻击者可以利用提权漏洞获得更高级别的系统访问权限，存在提权的风险。

加固详情 要求 config 与 properties 目录仅 root 用户权限可写，一般目录设置权限为 750，config 和 properties 等控制目录权限设置不当会导致严重后果。

加固步骤 执行以下命令。

```
cd $WAS_HOMEAppServer/
chown -R root config
chmod -R 750 config
chown -R root properties
chmod -R 750 properties
```

13.1.2 禁止目录浏览

风险分析 攻击者可以遍历服务器目录，存在目录遍历的风险。

加固详情 禁用目录浏览可以增加应用程序的安全性，防止未经授权的用户访问和浏览应用程序的目录结构。

加固步骤 编辑配置文件

$WAS_HOME//config/cells//applications/.ear/deployments//.war/ WEB-INF/ibm-web-ext.xmi，设置 directoryBrowsingEnabled="false"。

13.2 安全配置

13.2.1 禁止列表显示文件

风险分析 攻击者可以遍历服务器目录，存在目录遍历的风险。

加固详情 需要禁止 WebSphere 列表显示文件。

加固步骤 编辑配置文件

$WAS_HOME//config/cells//applications/.ear/deployments//.war/WEB-INF/ibm-web-ext.xmi，设置 fileServingEnabled="false"。

13.2.2 配置日志功能

风险分析 攻击者攻击系统后，存在发生攻击事件后无法溯源的风险。

加固详情 配置日志功能可以回溯事件，进行检查或审计。日志详细信息级别如果配置不当，会缺少必要的审计信息。

加固步骤

（1）设置日志：在导航窗格中，单击“服务器”>“应用程序服务器”>单击您要使用的服务器的名称>在“故障诊断”下面，单击“日志记录和跟踪”>单击要配置的系统日志（诊断跟踪、静态更改），单击“配置”选项卡，动态更改点击“运行时”选项卡。

（2）设置记录级别。在导航窗格中，单击服务器>应用程序服务器>单击您要使用的服务器的名称。在“故障诊断”下面，单击日志记录和跟踪，查看日志详细信息级别。启用所有日志，并配置日志详细信息级别为*=info:SecurityManager=all:SystemOut=all。

13.2.3 启用全局安全性

风险分析 存在增加不必要攻击面的风险。

加固详情 启用全局安全性，控制登录管理控制台，同时应用程序将可以使用 WebSphere 的安全特性。

加固步骤 启用全局安全性。

（1）打开管理控制台。

（2）单击“安全性”>“全局安全性”。

13.2.4 启用 Java 2 安全性

风险分析 攻击者可以通过越权来提升攻击权限，存在越权的风险。

加固详情 Java 2 安全性在 J2EE 基于角色的授权之上提供访问控制保护的额外级别。它提供了对系统资源的处理（用户访问控制、数据加密等）以及对 API 的保护，不启用 Java 2 安全性会极大减弱应用的安全强度。

加固步骤 启用 Java 2 安全性，如果应用程序是用 Java 2 安全性编程模型开发的，建议强制启用 Java 2 安全性。

（1）打开管理控制台。

（2）勾选“启用全局安全性”和“强制 Java 2 安全性”。

13.2.5 配置控制台会话超时时间

风险分析 攻击者可以通过发送钓鱼页面非法访问合法网站，存在跨站请求伪造的风险。

加固详情 控制台会话默认 30min 超时，要求设置为不大于 5min。

加固步骤 编辑配置文件

$WAS_HOME/config/cells/$cell_name/applications/isclite.ear/ deployments/isclite/deploy ment.xml，

设置 invalidationTimeout= “5”。

13.2.6 卸载 sample 例子程序

风险分析 sample 例子程序可能存在敏感信息泄露的风险。

加固详情 sample 例子程序会泄露系统敏感信息，存在较大的安全隐患。

加固步骤

（1）以管理员身份打开管理控制台。

（2）单击“应用程序”>“企业应用程序”。

（3）选中例子程序，然后单击“卸载”，卸载“DefaultApplication”“PlantsByWebSphere”“SamplesGallery”“ivtApp”等子程序。

读到这里，相信读者已经对 Tomcat、Nginx、WebLogic、JBoss、Apache、IIS、WebSphere 等常见中间件的安全加固及具体实现方案有所了解了，希望本篇内容可以帮助读者提升对中间件安全的治理能力。

第 4 篇

容器安全

随着云计算的发展，以容器和微服务为代表的云原生技术受到人们的广泛关注。其中，Docker 和 Kubernetes（K8s）是企业容器运行和容器编排的首要选择。然而，在应用 Docker 和 K8s 的过程中，大多数企业都遇到过不同程度的安全问题。如何保障容器安全，已成为企业最为关注的问题之一。

容器主要的安全加固内容如表 P-4 所示。

表 P-4　容器主要的安全加固内容

序号	分类	项目
1	权限控制	Docker 守护进程、配置文件、容器运行时
2	镜像安全	运行用户限制、漏洞扫描
3	配置安全	日志记录、Docker Swarm 配置、版本逃逸
4	认证及证书	Kubelet 认证、etcd 认证

第 14 章 Docker

Docker 凭借其能在任意环境中运行、开销低、秒级启动、镜像占用小等优势，越来越受各种行业的喜爱。但 Docker 在早期发展中主要考虑的是易用性和功能实现，对安全的考虑不是很充分，存在方方面面的安全隐患。

Docker 在宿主机上工作，并和其他容器共享宿主机内核。图 14-1 所示为 Docker 架构。其中，Docker 客户端和 Docker 守护进程通过 REST（Representational State Transfer，描述性状态转移）API 进行通信，发送拉取镜像之类的命令行请求；Docker 守护进程用来处理 Docker 客户端发送的请求；Docker 引擎是 Docker 架构中的运行引擎。

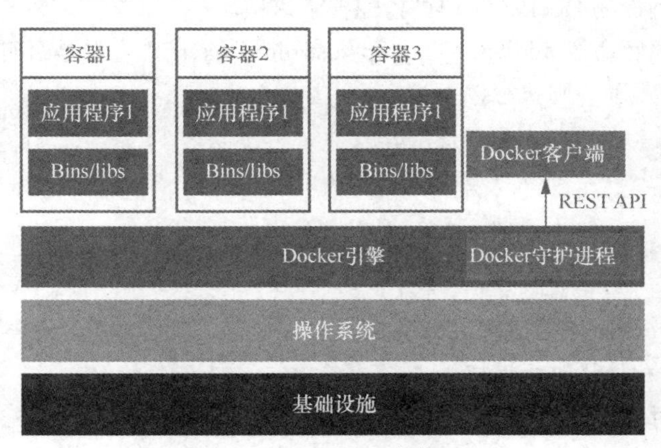

图 14-1　Docker 架构

Docker 是一种应用容器引擎，是基于 LXC（Linux Containers，Linux 容器）的高级容器引擎，它的作用是将应用和依赖包打包至一个可移植的镜像中，以支持后续在 Linux 系统和 Windows 系统的发布，本章将从 Docker 主机安全配置、Docker 守护进程配置、Docker 守护进程配置文件权限、容器镜像和构建文件配置、容器运行时配置和 Docker swarm 配置等方面进行讲述，确保容器运行环境安全。

注意

本章中的安全配置项仅适用于 Docker 20.10 及更高版本。

14.1 Docker 主机安全配置

14.1.1 确保 docker 组中仅存在可信用户

风险分析 Docker 守护进程需要访问 Docker 套接字，默认情况下，该套接字由 root 用户和 docker 组拥有，如果不可信用户存在于 docker 组中，那么它就可以提升权限，能够不受限制地修改主机文件系统。

加固详情 确保仅允许受信任的用户控制 Docker 守护进程。

加固步骤 执行命令 getent group docker，查看返回的 docker 组用户，执行命令 gpasswd -d user_name group_name，删除其中的不可信用户。

14.1.2 审计 Docker 守护进程

风险分析 Docker 守护进程以 root 用户权限运行，需要审计其活动和使用情况。

加固详情 确保为 Docker 守护进程配置了审核。

加固步骤 执行命令 auditctl -l | grep /usr/bin/dockerd，查看是否有返回/usr/bin/dockerd 的规则，如果无返回规则，则执行以下命令。

```
[root@centos7 ~]# echo '-w /var/lib/docker -k docker' >>/etc/audit/rules.d/audit.rules
[root@centos7 ~]# systemctl restart auditd
```

14.1.3 审计 Docker 文件和目录

风险分析 Docker 守护进程以 root 用户权限运行，其行为取决于一些关键文件和目录，因此需要对这些文件和目录进行审核。

加固详情 对以下与 Docker 相关的关键文件和目录进行日志审计。

```
/run/containerd
/var/lib/docker
/etc/docker
docker.service
containerd.sock
docker.scoket
/etc/default/docker
/etc/docker/daemon.json
/etc/containerd/config.toml
/etc/sysconfig/docker
```

```
/usr/bin/containerd
/usr/bin/containerd-shim
/usr/bin/containerd-shim-runc-v1
/usr/bin/containerd-shim-runc-v2
/usr/bin/runc
```

加固步骤 执行命令 auditctl -l | grep 目录或文件名，查看是否有返回对应目录或文件的规则，如果无返回规则，则执行以下命令进行添加。

```
echo '-a exit,always -F path=/run/containerd -F perm=war -k docker'  >> /etc/audit/
audit.rules
echo '-a exit,always -F path=/var/lib/docker -F perm=war -k docker'  >> /etc/audit/
audit.rules
echo '-w /etc/docker -k docker' >>/etc/audit/audit.rules
echo '-w /etc/default/docker -k docker' >>/etc/audit/audit.rules
echo '-w /etc/docker/daemon.json -k docker' >>/etc/audit/audit.rules
echo '-w /etc/containerd/config.toml -k docker' >>/etc/audit/audit.rules
echo '-w /etc/sysconfig/docker -k docker' >>/etc/audit/audit.rules
echo '-w /usr/bin/containerd -k docker' >>/etc/audit/audit.rules
echo '-w /usr/bin/containerd-shim -k docker' >>/etc/audit/audit.rules
echo '-w /usr/bin/containerd-shim-runc-v1 -k docker' >>/etc/audit/audit.rules
echo '-w /usr/bin/containerd-shim-runc-v2 -k docker' >>/etc/audit/audit.rules
echo '-w /usr/bin/runc -k docker' >>/etc/audit/audit.rules
echo '-w  目录名 1  -k docker' >>/etc/audit/audit.rules(目录名 1 获取方式：执行命令 systemctl
show -p FragmentPath docker.service|awk -F "=" '{print $2}')
echo '-w  目录名 2  -k docker' >>/etc/audit/audit.rules(目录名 2 获取方式：执行命令 grep
'containerd.sock' /etc/containerd/config.toml|awk -F "\"" '{print $2}')
echo '-w  目录名 3  -k docker' >>/etc/audit/audit.rules(目录名 3 获取方式:执行命令 grep
ListenStream `systemctl show -p FragmentPath docker.socket|awk -F "=" '{print $2}'`|a
wk -F "=" '{print $2}')
```

最后执行以下命令重启 auditd 服务。

```
[root@centos7 ~]# systemctl restart auditd
```

为 Docker 文件和目录配置日志审计，如图 14-2 所示。

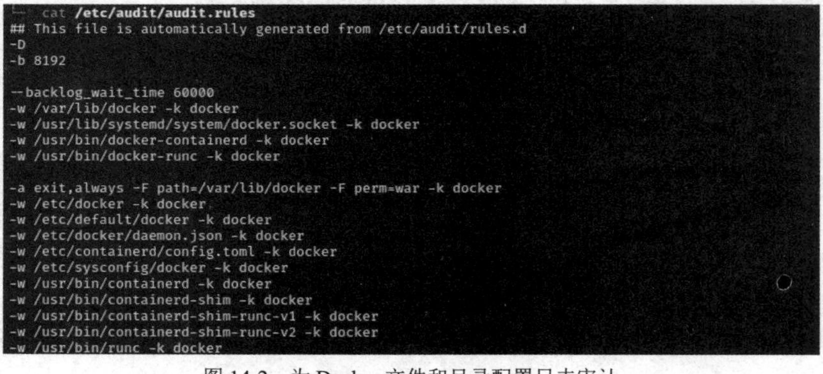

```
cat /etc/audit/audit.rules
## This file is automatically generated from /etc/audit/rules.d
-D
-b 8192

--backlog_wait_time 60000
-w /var/lib/docker -k docker
-w /usr/lib/systemd/system/docker.socket -k docker
-w /usr/bin/docker-containerd -k docker
-w /usr/bin/docker-runc -k docker

-a exit,always -F path=/var/lib/docker -F perm=war -k docker
-w /etc/docker -k docker
-w /etc/default/docker -k docker
-w /etc/docker/daemon.json -k docker
-w /etc/containerd/config.toml -k docker
-w /etc/sysconfig/docker -k docker
-w /usr/bin/containerd -k docker
-w /usr/bin/containerd-shim -k docker
-w /usr/bin/containerd-shim-runc-v1 -k docker
-w /usr/bin/containerd-shim-runc-v2 -k docker
-w /usr/bin/runc -k docker
```

图 14-2 为 Docker 文件和目录配置日志审计

14.1.4 确保 Docker 版本最新

风险分析 Docker 版本会经常进行更新，以解决安全漏洞、产品缺陷等问题。使用旧版本 Docker 可能存在安全风险。

加固详情 升级 Docker 版本到最新的推荐版本。

加固步骤

（1）执行以下命令查看当前使用的 Docker 版本号。

```
[root@centos7 ~]# docker version
```

（2）查看当前使用版本是否为最新版本、优选版本等推荐版本，若不为推荐版本，则进行升级。

14.2 Docker 守护进程配置

14.2.1 以非 root 用户运行 Docker 守护进程

风险分析 以非 root 用户运行 Docker 守护进程，可以防止攻击者利用守护进程运行时的潜在漏洞获取 root 用户权限。

加固详情 以非 root 用户运行 Docker 守护进程。

加固步骤 执行以下命令，查看运行 Docker 进程的用户是否为 root 用户，如果是 root 用户则退出进程，以非 root 用户运行。

```
[root@centos7 ~]# ps -fe | grep 'dockerd'
```

14.2.2 限制在默认网桥上的容器之间的网络流量

风险分析 在默认网桥上，若同一主机上的容器之间的网络流量不受限制，则每个容器都有可能读取同一主机的容器网络上的所有数据包。这可能会导致容器间的信息泄露。

加固详情 限制在默认网桥上的容器之间的网络流量。

加固步骤 执行以下命令，查看返回值中 com.docker.network.bridge.enable_icc 的值，如果返回 false 则表示已限制，如果返回其他值则执行命令 dockerd --icc=false 进行加固。限制默认网桥上的容器之间的网络流量后如图 14-3 所示。

```
[root@centos7 ~]# docker network ls --quiet | xargs docker network inspect --format
'{{ .Name}}: {{ .Options }}'
```

```
[root@host154 ~]# docker network ls --quiet | xargs docker network inspect --format '{{ .Name}}: {{ .Options }}'
bridge: map[com.docker.network.bridge.default_bridge:true com.docker.network.bridge.enable_icc:true com.docker.network.
dge.host_binding_ipv4:0.0.0.0 com.docker.network.bridge.name:docker0 com.docker.network.driver.mtu:1500]
host: map[]
none: map[]
root_default: map[]
```

图 14-3 限制默认网桥上的容器之间的网络流量

14.2.3 设置日志记录级别为 info

风险分析 info 及以上的基本日志记录级别允许捕获除调试日志之外的所有日志，设置日志记录级别为 info 可以确保事件的日志被完整地保存。

加固详情 设置日志记录级别为 info。

加固步骤 执行以下命令，确认--log-level 参数是否存在。

```
[root@centos7 ~]# ps -ef | grep dockerd
```

若存在，则执行以下命令将日志记录级别设置为 info。

```
[root@centos7 ~]# dockerd --log-level="info"
```

14.2.4 允许 Docker 更改 iptables

风险分析 让 Docker 自动对 iptables 进行更改，可以避免可能影响容器之间通信以及容器与外界通信的网络错误配置。

加固详情 允许 Docker 对 iptables 进行更改。

加固步骤 执行以下命令。

```
[root@centos7 ~]# dockerd --iptables=true
```

14.2.5 禁止使用不安全的注册表

风险分析 不安全的注册表未使用 TLS，存在被拦截和修改的风险。

加固详情 禁止使用不安全的注册表。

加固步骤 执行命令 docker info --format 'Insecure Registries:{{.RegistryConfig.InsecureRegistryCIDRs}}'，确认不存在不安全的注册表，如果存在则将其删除。

14.2.6 禁止使用 aufs 存储驱动程序

风险分析 aufs 存储驱动程序会导致一些严重的内核崩溃，因此需要禁止使用。

加固详情 禁止使用 aufs 存储驱动程序。

加固步骤 执行命令 docker info --format 'Storage Driver: {{ .Driver }}'，确认返回值中不包含 aufs，若包含则手动删除。

14.2.7 配置 Docker 守护进程的 TLS 身份验证

风险分析 通过 TCP 端口远程访问 Docker 守护进程时，应确保配置了 TLS 身份验证，以限制通过 IP 地址和端口访问 Docker 守护进程，防止外部攻击。

加固详情 配置 Docker 守护进程的 TLS 身份验证。

加固步骤 执行命令 ps -ef | grep -i docker，若返回结果中不包含--tlsverify、--tlscacert、--tlscert、--tlskey，则表示未配置，执行以下命令进行加固。

```
dockerd --tlsverify
dockerd --tlscacert=<path/to/tlscacert>（<path/to/tlscacert>表示 tlscacert 所在路径）
dockerd --tlscert=<path/to/tlscert>（path/to/tlscert 表示 tlscert 所在路径）
dockerd --tlskey=<path/to/tlskey>（<path/to/tlskey>表示 tlskey 所在路径）
```

14.2.8 正确配置默认 ulimit

风险分析 ulimit 提供对 Shell 可用资源及其启动进程的控制，如果 ulimit 配置不正确，可能会导致系统资源出现问题，甚至导致拒绝服务。

加固详情 正确配置默认 ulimit 参数。

加固步骤 执行命令 ps -ef | grep dockerd，确认--default-ulimit 参数不为空。如果为空，则执行以下命令进行配置。

```
[root@centos7 ~]# dockerd --default-ulimit nproc=1024:2048 --default-ulimit nofile=
100:200（nproc、nofile 的值仅供参考，应该按照实际配置）
```

14.2.9 启用用户命名空间

风险分析 在 Docker 守护程序中启用用户命名空间，可对用户进行重新映射。容器进程以 root 用户身份运行不符合安全要求。为了在保障安全性的前提下，仍然允许 root 用户在容器内拥有管理权限，可以启用用户命名空间，将容器内 root 用户的 UID 重新映射到主机系统上的非 root 用户 UID。

加固详情 启用用户命名空间。

加固步骤 在 Docker 部署主机上执行以下命令。

```
touch /etc/subuid /etc/subgid
dockerd --userns-remap=default
```

14.2.10 确保安装授权插件

风险分析 Docker 具有开箱即用的特征，这意味着有权访问 Docker 守护进程的用户都可以运行 Docker 客户端命令，远程用户访问 Docker 守护进程时容易引发越权、提权等问题，所以应使用授权插件对其进行访问控制。

加固详情 安装授权插件，确保 Docker 客户端命令的授权已启用。

加固步骤 执行命令 ps -ef | grep dockerd|grep -i '--authorization-plugin'，如果存在返回值则说明授权已启用，无返回值则执行以下步骤进行加固。

（1）安装/创建授权插件。

（2）根据需要配置授权策略。

（3）执行命令 dockerd --authorization-plugin=<PLUGIN_ID>，启动 Docker 守护进程。

14.2.11 配置集中和远程日志记录

风险分析 集中和远程日志记录可确保重要日志记录的安全，即使发生重大数据可用性问题时也不会丢失日志。

加固详情 配置集中和远程日志记录。

加固步骤 执行命令 ps -ef | grep dockerd，查看--log-driver 参数是否被设置，如果未设置该参数，则执行以下操作。

（1）设置所需的日志记录驱动程序。

（2）使用该日志记录驱动程序启动 Docker 守护进程，执行以下命令。

```
dockerd --log-driver=syslog --log-opt syslog-address=tcp://192.xxx.xxx.xxx
```

14.2.12 限制容器获取新权限

风险分析 进程在内核中设置 no_new_priv 位，可确保进程及其子进程不会通过 suid 或 sgid 位获得任何额外的特权，防止 SELinux 等提升单个容器的权限。

加固详情 限制容器获取新权限。

加固步骤 执行以下命令。

```
dockerd --no-new-privileges
```

14.2.13 启用实时还原

风险分析 在 Docker 守护进程中设置--live-restore 标志，可确保引擎停止时不影响容器的运行，使得应用程序无须停机，便可更新和修补 Docker 守护进程。

加固详情 启用实时还原。

加固步骤 执行命令 docker info --format '{{ .LiveRestoreEnabled }}'，如果返回 false，则表示未启用该功能，执行以下命令进行加固。

```
dockerd --live-restore
```

14.2.14 确保禁用 Userland 代理

风险分析 Docker 引擎提供了 hairpin NAT 和 Userland 代理这两种将端口从主机转发到容器的模式。因为 hairpin NAT 模式可以提高性能，并利用本地 Linux iptables 功能而非使用附加组件，建议首选该模式。需要注意的是，默认情况下未禁用 Userland 代理，如果选择了 hairpin NAT，则应在启动引擎时禁用 Userland 代理，以缩小安装的攻击面。

加固详情 在使用 hairpin NAT 的情况下，启动引擎时应禁用 Userland 代理。

加固步骤 执行以下命令。

```
dockerd --userland-proxy=false
```

14.2.15 禁用实验特性

风险分析 虽然“Experimental”被认为是一个稳定版本，但它有许多功能尚未经过全面测试，不能保证其 API 的稳定性。默认情况下已禁用它的实验特性。

加固详情 禁用实验特性。

加固步骤 执行以下命令。

```
docker version --format '{{ .Server.Experimental }}'
```

如果返回 false，则说明已禁用实验特性。

如果未禁用，则在 Docker 守护进程的配置文件（默认为/etc/docker/daemon.json）中删除 --experimental 参数，然后使用配置文件重新启动 Docker 守护进程。

14.3 Docker 守护进程配置文件权限

14.3.1 配置 Docker 相关文件的权限和属主属组

风险分析 Docker 相关文件包含可能改变 Docker 守护进程行为、Docker 远程 API 行为的敏感参数。因此，应合理设置这些文件的权限，由 root 用户和 root 用户组拥有，禁止除 root 用户以外的任何用户写入，以确保它们不会被权限较低的用户修改或破坏。

加固详情 配置 Docker 相关文件权限为 644、属主属组为 root:root。

加固步骤 执行以下命令进行加固。

```
chown root:root `systemctl show -p FragmentPath docker.service|awk -F "=" '{print $2}'`
chmod 644 `systemctl show -p FragmentPath docker.service|awk -F "=" '{print $2}'`
chown root:root `systemctl show -p FragmentPath docker.socket|awk -F "=" '{print $2}'`
chmod 644 `systemctl show -p FragmentPath docker.socket|awk -F "=" '{print $2}'`
chown root:root /etc/default/docker
chmod 644 /etc/default/docker
chown root:root /etc/sysconfig/docker
chmod 644 /etc/sysconfig/docker
chown root:root /etc/docker/daemon.json
chmod 644 /etc/docker/daemon.json
```

14.3.2 配置/etc/docker 目录的权限和属主属组

风险分析 /etc/docker 目录包含证书和密钥以及其他各种敏感文件。因此，它应该由 root 用户和 root 用户组拥有，只能由 root 用户写入，以确保它不能被权限较低的用户修改。

加固详情 配置/etc/docker 目录权限设置为 755、属主属组为 root:root。

加固步骤 执行以下命令进行加固。

```
chown root:root /etc/docker
chmod 755 /etc/docker
```

14.3.3 配置 Docker 相关证书文件目录的权限和属主属组

风险分析 Docker 相关证书文件包含 Docker 注册表证书、TLS CA（Certificate Authority，证书颁发机构）证书、Docker 服务器证书等。这些证书文件必须由 root 用户和 root 用户组拥有，且禁止配置写入权限，以确保权限较低的用户无法修改其中的内容。

加固详情 配置 Docker 相关证书文件目录权限为 444、属主属组为 root:root；

配置 Docker 注册表证书文件权限为 444、属主属组为 root:root；

配置 TLS CA 证书文件权限为 444、属主属组为 root:root；

配置 Docker 服务器证书文件权限为 444、属主属组为 root:root。

加固步骤 执行以下命令进行加固。

```
chown root:root /etc/docker/certs.d/<registry-name>/*（<registry-name>表示 Docker
注册表证书文件所在目录）
```

find /etc/docker/certs.d/ -type f -exec chmod 0444 {} \;（<registry-name>表示注册表证书文件所在目录）

chown root:root <path to TLS CA certificate file> （<path to TLS CA certificate file>表示 TLS CA 证书所在路径）

chmod 444 <path to TLS CA certificate file>（<path to TLS CA certificate file>表示 TLS CA 证书所在路径）

chown root:root <path to docker server certificate file>（<path to docker server certificate file>表示 Docker 服务器证书所在路径）

chmod 444 <path to docker server certificate file>（<path to docker server certificate file>表示 Docker 服务器证书所在路径）

14.3.4 配置 Docker 服务器证书密钥文件的权限和属主属组

风险分析 Docker 服务器证书密钥文件作为认证凭据，必须由 root 用户和 root 用户组拥有，以防止被恶意篡改或遭受不必要的读写。

加固详情 配置 Docker 服务器证书密钥文件权限为 400、属主属组为 root:root。

加固步骤 执行以下命令进行加固。

chown root:root <path to docker server certificate key file>（<path to docker server certificate key file>表示 Docker 服务器证书密钥文件所在路径）

chmod 400 <path to docker server certificate key file>（<path to docker server certificate key file>表示 Docker 服务器证书密钥文件所在路径）

14.3.5 配置 Docker 套接字文件的权限和属主属组

风险分析 Docker 套接字文件非常重要，任何用户或进程拥有 Docker 套接字，都有可能会与 Docker 守护进程进行交互，因此需要合理配置其权限。

加固详情 配置 Docker 套接字文件权限为 660、属主属组为 root:docker。

加固步骤 执行以下命令进行加固。

```
chown root:docker /var/run/docker.sock
chmod 660 /var/run/docker.sock
```

14.3.6 配置 Containerd 套接字文件的权限和属主属组

风险分析 Containerd 套接字文件非常重要，任何用户或进程拥有 Containerd 套接字，都有可能会与 Containerd 守护进程进行交互，因此需要合理配置其权限。

加固详情 配置 Containerd 套接字文件权限为 660、属主属组为 root:root。

加固步骤 执行以下命令进行加固。

```
chown root:root /run/containerd/containerd.sock
chmod 660 /run/containerd/containerd.sock
```

14.4 容器镜像和构建文件配置

14.4.1 以非 root 用户运行容器

风险分析 若以 root 用户运行容器，当容器遭受安全漏洞攻击时，攻击者可以直接获取 root 用户权限。

加固详情 创建容器的用户，以非 root 用户运行容器。

加固步骤

（1）执行命令 docker ps --quiet | xargs --max-args=1 -I{} docker exec {} cat /proc/1/status| grep '^Uid:' | awk '{print $3}'，如果返回 0，则表示容器以 root 用户运行。

（2）在 dockerfile 中添加以下内容，为容器创建用户。

```
RUN useradd -d /home/username -m -s /bin/bash username USER username
```

14.4.2 仅使用受信任的基础镜像

风险分析 无法保证未知镜像的安全性，无法保证未知来源的基础镜像不包含安全漏洞或恶意代码。

加固详情 确保容器仅使用受信任的基础镜像。

加固步骤

（1）执行命令 docker images。

（2）执行命令 docker history IMAGE ID，查看提交到镜像的历史记录，判断镜像的来源是否可信，如果不可信，则删除该镜像。

14.4.3 卸载容器中安装的不必要的软件

风险分析 在容器中安装不必要的软件，会扩大容器的攻击面。

加固详情 卸载容器中安装的不必要的软件。

加固步骤

（1）执行命令 docker ps --quiet，获取 CONTAINER ID。

（2）执行命令 docker exec CONTAINER ID rpm -qa，返回容器中安装的所有软件，对返回结果进行检查，对不必要的软件执行以下命令进行卸载。

```
docker exec CONTAINER ID rpm -e 软件名称
```

14.4.4 确保镜像无安全漏洞

风险分析 镜像中的安全漏洞会给攻击者留下攻击面，应及时对其进行修复。

加固详情 使用镜像漏洞扫描工具定期对镜像进行扫描。同时，要确保使用最新版本的基础镜像。

加固步骤

（1）构建镜像，确保使用最新版本的基础镜像。

（2）使用镜像漏洞扫描工具（如 Anchore、Trivy、OpenVAS、Clair 等）定期对镜像进行扫描，及时修复扫描识别的漏洞。

14.4.5 启用 Docker 的内容信任

风险分析 内容信任提供了“对发送到远程 Docker 注册中心和从远程 Docker 注册中心接收的数据使用数字签名”的能力。如果不启用内容信任，就不能确保容器镜像的来源可信。

加固详情 启用 Docker 的内容信任。

加固步骤 执行以下命令。

```
export DOCKER_CONTENT_TRUST=1
```

14.4.6 容器镜像中添加健康检查

风险分析 将 HEALTHCHECK 指令添加到容器镜像，可确保 Docker 引擎能根据该指令定期检查正在运行的容器实例，以确保容器正常运行。

加固详情 容器镜像中添加健康检查。

加固步骤 重构镜像，加入 HEALTHCHECK 指令。

14.4.7 确保在 Dockerfiles 中不单独使用 update 指令

风险分析 在 Dockerfiles 中将 update 单独作为一条指令来执行将导致更新层被缓存。当后面使用相同的指令构建任何镜像时，将会使用先前缓存的更新层，从而可能阻止新的更新应用于后面的构建。

加固详情 确保在 Dockerfiles 中不单独使用 update 指令。

加固步骤

（1）执行命令 docker images --quiet 获取 IMAGE ID，如图 14-4 所示。

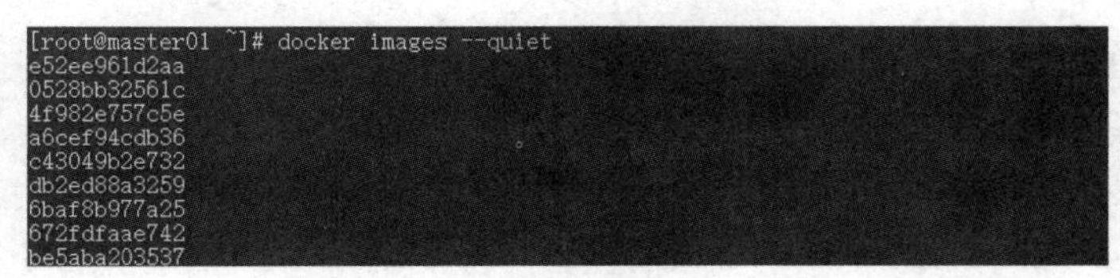

图 14-4 获取 IMAGE ID

（2）执行命令 docker history IMAGE ID | grep -i update，如果存在返回结果，查看结果中是否存在将 update 单独作为一条指令来执行的情况，如果存在则删除该镜像，重新构建镜像包并在构建过程中使用--no-cache 标志来避免使用缓存层。

14.4.8 删除不必要的 setuid 和 setgid 权限

风险分析 setuid 和 setgid 权限，可能引发容器内的提权攻击。

加固详情 删除不必要的 setuid 和 setgid 权限。

加固步骤

（1）针对不需要使用 setuid 和 setgid 权限的镜像，执行命令 docker ps 获取镜像的 CONTAINER ID。

（2）执行以下命令，返回已配置 setuid 和 setgid 权限的文件，如图 14-5 所示。

```
docker export CONTAINER ID | tar -tv 2>/dev/null | grep -E '^[-rwx].*(s|S).*\s[0-9]'
```

图 14-5 已配置 setuid 和 setgid 权限的文件

（3）对于不需要配置 setuid 和 setgid 权限的文件，逐个执行命令 chmod a-s <file_path>（<file_path>是指第 2 个步骤中需要删除权限的文件所在路径），删除对应的 setuid 和 setgid 权限。

14.4.9 Dockerfiles 中使用 COPY 而不使用 ADD

风险分析 COPY 指令是将文件从本地主机复制到容器文件系统。ADD 指令可能会从远程 URL（Uniform Resource Locator，统一资源定位符）检索文件并执行解包等操作。因此，ADD 指令可能会引入安全风险，例如可能存在与解压缩相关的漏洞。

加固详情 Dockerfiles 中使用 COPY 而不是 ADD。

加固步骤

（1）执行命令 docker images，获取 IMAGE ID。

（2）执行命令 docker history IMAGE ID | grep -i add，查看返回结果，如果存在 ADD 指令，

则使用 COPY 替换 ADD。

14.4.10 删除 Dockerfiles 中的敏感信息

风险分析 用于构建镜像的 Dockerfiles，对镜像的任何用户可见，若其中存储敏感信息，则存在敏感信息泄露的风险。

加固详情 删除 Dockerfiles 中的敏感信息。

加固步骤

（1）执行命令 docker images，获取 IMAGE ID。

（2）执行命令 docker history IMAGE ID，查看提交到镜像的历史记录，确认其中是否存在密码、私钥等敏感信息，如果存在，则删除。

14.5 容器运行时配置

14.5.1 启用 AppArmor 配置

风险分析 AppArmor 是一个 Linux 应用程序安全系统。AppArmor 通过执行 AppArmor 配置文件的安全策略来保护 Linux 操作系统和应用程序免受各种威胁。

加固详情 若使用的 Linux 版本支持 AppArmor，则在系统中启用 AppArmor 配置。

加固步骤 执行命令 docker ps --quiet --all | xargs docker inspect --format '{{ .Id }}: AppArmorProfile={{ .AppArmorProfile }}'，如果返回字段 AppArmorProfile 为空，请检查系统是否不支持或者未启用 AppArmor 配置。

若系统支持 AppArmor 配置，则执行以下步骤进行加固。

（1）执行命令 dpkg --get-selections|grep -i AppArmor，验证是否安装 AppArmor。如果有返回值则说明已安装，无返回值则需要手动安装。

（2）为 Docker 容器创建或导入 AppArmor 配置。

（3）启用策略的执行。

（4）使用自定义的 AppArmor 配置启动 Docker 容器，例如 docker run --interactive --tty --security-opt="apparmor:PROFILENAME" ubuntu /bin/bash，也可以使用 Docker 的默认 AppArmor 策略。

14.5.2 设置 SELinux 安全选项

风险分析 SELinux 提供了一个强制访问控制（Mandatory Access Control，MAC）系统，

它极大地增强了默认的自主访问控制（Discretionary Access Control，DAC）模型的功能，启用 SELinux 可以为容器添加额外的安全保护。

加固详情 若使用的 Linux 版本支持 SELinux，则设置 SELinux 安全选项。

加固步骤 执行以下命令，验证是否启用 SELinux，如图 14-6 所示。

```
docker ps --quiet --all | xargs docker inspect --format '{{ .Id }}: SecurityOpt={{ .HostConfig.SecurityOpt }} MountLabel={{ .MountLabel }} ProcessLabel={{ .ProcessLabel }}'
```

若返回值 MountLabel、ProcessLabel 中不存在 SELinux，则说明 SELinux 未启用，执行以下步骤设置 SELinux 安全选项。

（1）设置 SELinux 状态。

（2）设置 SELinux 策略。

（3）为 Docker 容器创建或导入 SELinux 策略模板。

（4）在启用 SELinux 守护进程的模式下启动 Docker。例如 docker daemon --selinux-enabled。

（5）使用安全选项启动 Docker 容器。例如 docker run --interactive --tty --security-opt label=level:TopSecret centos /bin/bash。

```
[root@master01 ~]# docker ps --quiet --all | xargs docker inspect --format '{{ .Id }}: SecurityOpt={{ .HostConfig.Securit
yOpt }} MountLabel={{ .MountLabel }} ProcessLabel={{ .ProcessLabel }}'
f7718e6f1b29c22e276299de5690101910b60589de50b5f6dcbf4a2bfdc89d59: SecurityOpt=[seccomp=unconfined] MountLabel= ProcessLab
el=
ffa1b548afdb14174533460d1700c590337d652210dd6edc7b7105809940f9b3: SecurityOpt=[seccomp=unconfined] MountLabel= ProcessLab
el=
87b8d05cd3ee398f254256f2586a641014d0c173d64bd1311a2792a15aa89655: SecurityOpt=[seccomp=unconfined] MountLabel= ProcessLab
el=
893ecda51d8ae9cbaab5939c80e85b9eba1a05424985ce48d319ebdcc8468f40: SecurityOpt=[seccomp=unconfined] MountLabel= ProcessLab
el=
13ac450bfc2357e46e8f730ef556afb54bf187688a83281b4e701798ffdb93d7: SecurityOpt=[seccomp=unconfined] MountLabel= ProcessLab
el=
2c3932d579fc211fd7ec264540c572468a326dd249ae047a46428547a9fc3f3c: SecurityOpt=[seccomp=unconfined] MountLabel= ProcessLab
el=
f478d634d279d8ecef97ac8042e2d5bf0af3b481df60ec3336beb7ed8f579b2c: SecurityOpt=[seccomp=unconfined] MountLabel= ProcessLab
el=
50dd13d72521d286186d0604523c8b31c6cc8127eaeceff24274608432972e88: SecurityOpt=[seccomp=unconfined] MountLabel= ProcessLab
```

图 14-6 验证是否启用 SELinux

14.5.3 删除容器所有不需要的功能

风险分析 Docker 支持添加和删除功能，应删除容器所有不需要的功能。比如删除 NET_RAW 功能，因为它可以使有权访问容器的攻击者能够创建欺骗性的网络流量。

加固详情 删除容器所有不需要的功能。

加固步骤 执行以下命令，查看是否有容器不需要的功能，如图 14-7 所示。

```
docker ps --quiet --all | xargs docker inspect --format '{{ .Id }}: CapAdd={{.HostConfig.CapAdd }} CapDrop={{ .HostConfig.CapDrop }}'
```

查看表示添加的功能 CapAdd 和表示删除的功能 CapDrop 的返回值，并与业务需求进行对比，删除不需要的功能。

```
[root@master01 ~]# docker ps --quiet --all | xargs docker inspect --format '{{ .Id }}: CapAdd={{.HostConfig.CapAdd }} Cap
Drop={{ .HostConfig.CapDrop }}'
f7718e6f1b29c22e276299de5690101910b60589de50b5f6dcbf4a2bfdc89d59: CapAdd=<no value> CapDrop=<no value>
ffa1b548afdb14174533460d1700c590337d652210dd6edc7b7105809940f9b3: CapAdd=<no value> CapDrop=<no value>
87b8d05cd3ee398f254256f2586a641014d0c173d64bd1311a2792a15aa89655: CapAdd=<no value> CapDrop=<no value>
893ecda51d8ae9cbaab5939c80e85b9eba1a05424985ce48d319ebdcc8468f40: CapAdd=<no value> CapDrop=<no value>
13ac450bfc2357e46e8f730ef556afb54bf187688a83281b4e701798ffdb93d7: CapAdd=<no value> CapDrop=<no value>
2c3932d579fc211fd7ec264540c572468a326dd249ae047a46428547a9fc3f3c: CapAdd=<no value> CapDrop=<no value>
f478d634d279d8ecef97ac8042e2d5bf0af3b481df60ec3336beb7ed8f579b2c: CapAdd=<no value> CapDrop=<no value>
50dd13d72521d286186d0604523c8b31c6cc8127eaeceff24274608432972e88: CapAdd=<no value> CapDrop=<no value>
047a123d7b2dd9eba2f6f5523d60fc0f8b39ba20483286563d00d5693d29b34d: CapAdd=<no value> CapDrop=<no value>
9b75ac4afd47516cd47dc67a2a3ab5186d7c6dcb7067f167e63e0593578983f6: CapAdd=<no value> CapDrop=<no value>
2802e9114b767e1d66cd7db05ee79747b6106ecd6d5438c293860923cabd24b0: CapAdd=<no value> CapDrop=<no value>
8a2fc6aacb7e8b794ae3589a46eb3c50e894c4c2670d7243442c53df97f8ad46: CapAdd=<no value> CapDrop=<no value>
708e23fdc378b4c0be047b1afdaa79392953feed2006bba7dd04b7ab3b86605c: CapAdd=<no value> CapDrop=<no value>
d5e199a38d219627490ecedfbce979d6eda4690d0c4e33a3589e282cc10b4261: CapAdd=<no value> CapDrop=<no value>
65bbde306b211f064debf810835872a3241b633d51225131c39835135574c0ec: CapAdd=<no value> CapDrop=<no value>
e438eb64075a61c3f5a5218d497f5b5eeba8901652514f134cfa6f420069ce86: CapAdd=<no value> CapDrop=<no value>
fb9460d525fa07a0ded24f8ed229483eb0247f0d31b3d9b1db827e34f9162c46: CapAdd=<no value> CapDrop=<no value>
49d282bacd99a3b310ba21b748bc26a98f7d200b3c47f09d7df58be1143a8dd7: CapAdd=<no value> CapDrop=<no value>
137c90807c8b54ccbc538e007a2e9c6dd81bb91ddb771cee1ac6e168d3c2b111: CapAdd=<no value> CapDrop=<no value>
c207f4fc11d1239509b7b5a7a32dce997d1bc0acca6911b39dbb4311aefe34f6: CapAdd=<no value> CapDrop=<no value>
261f7c715ea48d7c0525d85f679cc0bbaa0dc87705910f361d0a24501d69d6b1: CapAdd=<no value> CapDrop=<no value>
```

图 14-7　查看是否有容器不需要的功能

删除功能命令如下。

```
docker run --cap-drop={"Capability 1","Capability 2"} <Run arguments> <Container Image Name or ID> <Command>
```

添加功能命令如下。

```
docker run --cap-add={"Capability 1","Capability 2"} <Run arguments> <Container Image Name or ID> <Command>
```

14.5.4　不使用特权容器

风险分析　--privileged 标志为应用它的容器提供了所有功能，并且还解除了设备 cgroup 控制器实施的所有限制。

加固详情　禁用--privileged 标志运行容器。

加固步骤　执行以下命令。

```
docker ps --quiet --all | xargs docker inspect --format '{{ .Id }}: Privileged={{ .HostConfig.Privileged }}'
```

如果 Privileged 参数返回 true，则说明已使用--privileged。

如果已使用--privileged，则存在风险，禁用--privileged 重启容器。

14.5.5　禁止以读写形式挂载主机系统敏感目录

风险分析　如果将主机系统敏感目录以读写形式挂载到容器中，则在容器内就可以更改挂载的主机文件，造成越权。

加固详情　禁止以读写形式将主机系统敏感目录挂载到容器内。

加固步骤　执行以下命令。

```
docker ps --quiet --all | xargs docker inspect --format '{{ .Id }}:Volumes={{ .Mounts }}'
```

返回结果中 RW:true 后面的 Source 字段内容即挂载目录，如图 14-8 所示。如果挂载目录属于敏感目录（如/、/boot、/dev、/etc、/lib、/proc、/sys、/usr 等），则删除挂载目录。

```
[root@master01 ~]# docker ps --quiet --all | xargs docker inspect --format '{{ .Id }}:Volumes={{ .Mounts }}'|grep -i 'RW\:true'
f7718e6f1b29c22e276299de5690101910b60589de50b5f6dcbf4a2bfdc89d59:Volumes=[map[Destination:/etc/nginx/conf.d/default.conf Mode:ro
ib/kubelet/pods/e847221a-83ad-43b1-86de-140e812c728e/volume-subpaths/config/ehs-portal-cloud-proxy/0 Type:bind] map[Destination
Mode:ro,Z Propagation:rprivate RW:false Source:/var/lib/kubelet/pods/e847221a-83ad-43b1-86de-140e812c728e/volumes/kubernetes.io
ination:/etc/hosts Mode:Z Propagation:rprivate RW:true Source:/var/lib/kubelet/pods/e847221a-83ad-43b1-86de-140e812c728e/etc-hos
-log Mode:Z Propagation:rprivate RW:true Source:/var/lib/kubelet/pods/e847221a-83ad-43b1-86de-140e812c728e/containers/ehs-portal
87b8d05cd3ee398f254256f2586a641014d0c173d64bd1311a2792a15aa89655:Volumes=[map[Destination:/var/run/secrets/kubernetes.io/service
e Source:/var/lib/kubelet/pods/ae7ff511-abb0-4785-a588-55ece4274eee/volumes/kubernetes.io~secret/default-token-wfb2b Type:bind]
rprivate RW:true Source:/var/lib/kubelet/pods/ae7ff511-abb0-4785-a588-55ece4274eee/etc-hosts Type:bind] map[Destination:/dev/ter
ue Source:/var/lib/kubelet/pods/ae7ff511-abb0-4785-a588-55ece4274eee/containers/monitor-dashboard/406c8f35 Type:bind] map[Destin
 Propagation:rprivate RW:false Source:/var/lib/kubelet/pods/ae7ff511-abb0-4785-a588-55ece4274eee/volume-subpaths/config/monitor-
13ac450bfc2357e46e8f730ef556afb54bf187688a83281b4e701798ffdb93d7:Volumes=[map[Destination:/monitor-backend/application.yml Mode:
/lib/kubelet/pods/06f2f1f0-6ab1-4266-9dd2-885ce7b8c738/volume-subpaths/config/monitor-backend/0 Type:bind] map[Destination:/etc/
ource:/etc/localtime Type:bind] map[Destination:/var/run/secrets/kubernetes.io/serviceaccount Mode:ro,Z Propagation:rprivate RW:
b1-4266-9dd2-885ce7b8c738/volumes/kubernetes.io~secret/default-token-wfb2b Type:bind] map[Destination:/etc/hosts Mode:Z Propagat
ods/06f2f1f0-6ab1-4266-9dd2-885ce7b8c738/etc-hosts Type:bind] map[Destination:/dev/termination-log Mode:Z Propagation:rprivate R
ab1-4266-9dd2-885ce7b8c738/containers/monitor-backend/26789660 Type:bind]]
f478d634d279d8ecef97ac8042e2d5bf0af3b481df60ec3336beb7ed8f579b2c:Volumes=[map[Destination:/pum/application.yml Mode:ro,Z Propaga
/pods/889d956d-2635-4c62-af30-62e8c9b0facf/volume-subpaths/config/pum/0 Type:bind] map[Destination:/etc/localtime Mode: Propagat
e:bind] map[Destination:/var/run/secrets/kubernetes.io/serviceaccount Mode:ro,Z Propagation:rprivate RW:false Source:/var/lib/ku
f/volumes/kubernetes.io~secret/default-token-wfb2b Type:bind] map[Destination:/etc/hosts Mode:Z Propagation:rprivate RW:true Sou
f30-62e8c9b0facf/etc-hosts Type:bind] map[Destination:/dev/termination-log Mode:Z Propagation:rprivate RW:true Source:/var/lib/k
cf/containers/pum/05219272 Type:bind]]
047a123d7b2dd9eba2f6f5523d60fc0f8b39ba20483286563d00d5693d29b34d:Volumes=[map[Destination:/etc/nginx/conf.d/default.conf Mode:ro
ib/kubelet/pods/1ef38f13-fac8-4c90-bca4-2c0193eacd3a/volume-subpaths/config/dashboard-proxy/0 Type:bind] map[Destination:/var/ru
,Z Propagation:rprivate RW:false Source:/var/lib/kubelet/pods/1ef38f13-fac8-4c90-bca4-2c0193eacd3a/volumes/kubernetes.io~secret/
:/etc/hosts Mode:Z Propagation:rprivate RW:true Source:/var/lib/kubelet/pods/1ef38f13-fac8-4c90-bca4-2c0193eacd3a/etc-hosts Type
de:Z Propagation:rprivate RW:true Source:/var/lib/kubelet/pods/1ef38f13-fac8-4c90-bca4-2c0193eacd3a/containers/dashboard-proxy/8
2802e9114b767e1d66cd7db05ee79747b6106ecd6d5438c293860923cabd24b0:Volumes=[map[Destination:/dev/termination-log Mode:Z Propagatio
```

图 14-8 挂载目录

14.5.6 禁止容器内运行 sshd

风险分析 ssh 守护进程 sshd 会增加安全管理的复杂性，不应在容器内运行。

加固详情 确保 sshd 未在容器内运行。

加固步骤

（1）执行命令 docker ps --quiet 获取 CONTAINER ID。

（2）执行以下命令查看 ssh 服务是否在运行。

```
docker exec <CONTAINER ID> ps -el
```

如图 14-9 所示，表示 ssh 服务存在且已经运行。

```
[root@master01 ~]# docker exec 99a4514bb453 ps -ef
UID        PID  PPID  C STIME TTY          TIME CMD
root         1     0  0 Feb13 ?        07:07:51 java -jar /gateway-server-0.0.1-SNAPSHOT.jar
root       278     0  0 14:24 ?        00:00:00 ps -ef
root      1304     1  0  2022 ?        00:00:03 /usr/sbin/sshd -D
root     20084 26473  0 14:26 pts/0    00:00:00 grep --color=auto -i ssh
root     26455  1304  0 13:59 ?        00:00:00 sshd: root@pts/0
root     26470  1304  0 13:59 ?        00:00:00 sshd: root@notty
root     26629 26470  0 13:59 ?        00:00:00 /usr/libexec/openssh/sftp-server
```

图 14-9 查看容器中运行的服务

（3）如果 ssh 服务在运行，从容器中卸载 ssh 守护程序，执行命令 yum remove sshd。

14.5.7　确保未映射特权端口

风险分析　小于 1024 的 TCP/IP 端口被视为特权端口。特权端口会接收和传输各种敏感信息，存在安全风险。

加固详情　确保特权端口未映射到容器中。

加固步骤　执行命令 docker ps --quiet | xargs docker inspect --format '{{ .Id }}: Ports={{.NetworkSettings.Ports }}'，查看返回字段 Ports 是否存在小于 1024 的端口，如图 14-10 所示。如果存在则取消端口映射或者更改到大于 1024 的端口。

```
[root@master01 ~]# docker ps --quiet | xargs docker inspect --format '{{ .Id }}: Ports={{.NetworkSettings.Ports }}'
f7718e6f1b29c22e276299de5690101910b60589de50b5f6dcbf4a2bfdc89d59: Ports=map[]
ffa1b548afdb14174533460d1700c590337d652210dd6edc7b7105809940f9b3: Ports=map[]
87b8d05cd3ee398f254256f2586a641014d0c173d64bd1311a2792a15aa89655: Ports=map[]
893ecda51d8ae9cbaab5939c80e85b9eba1a05424985ce48d319ebdcc8468f40: Ports=map[]
13ac450bfc2357e46e8f730ef556afb54bf187688a83281b4e701798ffdb93d7: Ports=map[]
2c3932d579fc211fd7ec264540c572468a326dd249ae047a46428547a9fc3f3c: Ports=map[]
f478d634d279d8ecef97ac8042e2d5bf0af3b481df60ec3336beb7ed8f579b2c: Ports=map[]
50dd13d72521d286186d0604523c8b31c6cc8127eaeceff24274608432972e88: Ports=map[]
047a123d7b2dd9eba2f6f5523d60fc0f8b39ba20483286563d00d5693d29b34d: Ports=map[]
9b75ac4afd47516cd47dc67a2a3ab5186d7c6dcb7067f167e63e0593578983f6: Ports=map[]
2802e9114b767e1d66cd7db05ee79747b6106ecd6d5438c293860923cabd24b0: Ports=map[]
708e23fdc378b4c0be047b1afdaa79392953feed2006bba7dd04b7ab3b86605c: Ports=map[]
d5e199a38d219627490ecedfbce979d6eda4690d0c4e33a3589e282cc10b4261: Ports=map[]
65bbde306b211f064debf810835872a3241b633d51225131c39835135574c0ec: Ports=map[]
e438eb64075a61c3f5a5218d497f5b5eeba8901652514f134cfa6f420069ce86: Ports=map[]
fb9460d525fa07a0ded24f8ed229483eb0247f0d31b3d9b1db827e34f9162c46: Ports=map[]
49d282bacd99a3b310ba21b748bc26a98f7d200b3c47f09d7df58be1143a8dd7: Ports=map[]
137c90807c8b54ccbc538e007a2e9c6dd81bb91ddb771cee1ac6e168d3c2b111: Ports=map[]
261f7c715ea48d7c0525d85f679cc0bbaa0dc87705910f361d0a24501d69d6b1: Ports=map[8400/tcp:<nil>]
d5f27a74b87a039b845fc6881ae60813f2dca6a8909394e4f0136013f49edae1: Ports=map[15691/tcp:<nil> 15692/tcp:<nil> 25672/tc
1/tcp:<nil> 5672/tcp:<nil>]
b47d9ebbb71992e0d9c4645a63fac09865064ca82ad3437f3dfaf14321589fb8: Ports=map[8000/tcp:[map[HostIp:0.0.0.0 HostPort:80
303db6f23aa21be104bd32bd013c820ea62fc98aae400a1f82136ad68aefb6db: Ports=map[8100/tcp:<nil>]
e3543d2ced9f001ea788c4ccdee5bd39facead0d57c71bffe3fa825d50da81ce: Ports=map[8300/tcp:<nil>]
784d697cc13ab91bda28a7e13ad1a57b0784dda2aeb6adb3e7b407b4ab5c8061: Ports=map[8600/tcp:<nil>]
5252a079d6c252af091b61e9f9ce60ccdc181089c085c5d4502b8452ac1615b0: Ports=map[27017/tcp:<nil>]
817aa5c87bfc9155866b1cabd7587c061212e24f8188843616ca56bd559fb123: Ports=map[6379/tcp:<nil>]
447ed88cc770735a697d34d852a123bc49eaf3f10f6a6cfb115abf406861b846: Ports=map[3306/tcp:<nil> 33060/tcp:<nil>]
64547fa5492a8722664b565e1f218fe4bdd3e1c45e1e143d197acb6832411bf3: Ports=map[8500/tcp:<nil>]
7fe630cd4f87b3cbeecf45a7cbf363d1ca11cd16874f4ee660e50ccfda1d837a: Ports=map[80/tcp:[map[HostIp:0.0.0.0 HostPort:3310
7e980a1c14927ef4152d320f953d02f68f3deae2f3b8575967f5d36b07bcb94c: Ports=map[]
```

图 14-10　映射端口

> **注意**
>
> 80、443 端口属于特例，可以映射。

14.5.8　关闭容器非必需端口

风险分析　开放不需要的端口会扩大容器及相关应用程序的攻击面。

加固详情　关闭容器非必需端口。

加固步骤

（1）执行以下命令，查看返回字段 Ports，逐个分析这些端口是否为业务所必需的端口，关闭非必需端口。

```
docker ps --quiet | xargs docker inspect --format '{{ .Id }}: Ports={{.Network
Settings.Ports }}'
```

（2）启动容器时不使用-P (UPPERCASE) 或 --publish-all 标志。

14.5.9 确保容器不共享主机的网络命名空间

风险分析 当容器上的网络模式设置为 --net=host 时，允许容器访问 Docker 主机上的 D-Bus 等网络服务，这时容器进程有权限执行危险的操作，例如关闭 Docker 主机。

加固详情 确保容器不共享主机的网络命名空间。

加固步骤

（1）执行以下命令，查看返回字段 NetworkMode 的值，如果返回 host 则说明存在风险。

```
docker ps --quiet --all | xargs docker inspect --format '{{ .Id }}:NetworkMode={{
.HostConfig.NetworkMode }}'
```

（2）重启容器，不使用 --net=host 选项。

14.5.10 限制容器的可用内存

风险分析 默认情况下，容器可以使用主机上的所有内存。如果不对容器内存进行限制，一个容器可能消耗完主机的所有资源，导致 DoS 攻击。

加固详情 限制容器的可用内存。

加固步骤

（1）执行以下命令，查看 Memory 返回值，如果返回 0，则表示容器内存限制不到位，需要设置合理的阈值，如图 14-11 所示。

```
docker ps --quiet --all | xargs docker inspect --format '{{ .Id }}: Memory={{.Host
Config.Memory }}'
```

（2）如果内存参数未限制则使用命令 docker run -d --memory 256m centos sleep 1000（256m 表示内存大小，该数据供参考）运行容器。

```
[root@master01 ~]# docker ps --quiet --all | xargs docker inspect --format '{{ .Id }}: Memory={{.HostConfig.Memory }}'
f7718e6f1b29c22e276299de5690101910b60589de50b5f6dcbf4a2bfdc89d59: Memory=0
ffa1b548afdb14174533460d1700c590337d652210dd6edc7b7105809940f9b3: Memory=0
87b8d05cd3ee398f254256f2586a641014d0c173d64bd1311a2792a15aa89655: Memory=0
893ecda51d8ae9cbaab5939c80e85b9eba1a05424985ce48d319ebdcc8468f40: Memory=0
13ac450bfc2357e46e8f730ef556afb54bf187688a83281b4e701798ffdb93d7: Memory=0
2c3932d579fc211fd7ec264540c572468a326dd249ae047a46428547a9fc3f3c: Memory=0
f478d634d279d8ecef97ac8042e2d5bf0af3b481df60ec3336beb7ed8f579b2c: Memory=0
50dd13d72521d286186d0604523c8b31c6cc8127eaeceff24274608432972e88: Memory=0
047a123d7b2dd9eba2f6f5523d60fc0f8b39ba20483286563d00d5693d29b34d: Memory=0
9b75ac4afd47516cd47dc67a2a3ab5186d7c6dcb7067f167e63e0593578983f6: Memory=0
2802e9114b767e1d66cd7db05ee79747b6106ecd6d5438c293860923cabd24b0: Memory=0
8a2fc6aacb7e8b794ae3589a46eb3c50e894c4c2670d7243442c53df97f8ad46: Memory=0
708e23fdc378b4c0be047b1afdaa79392953feed2006bba7dd04b7ab3b86605c: Memory=0
d5e199a38d219627490ecedfbce979d6eda4690d0c4e33a3589e282cc10b4261: Memory=0
65bbde306b211f064debf810835872a3241b633d51225131c39835135574c0ec: Memory=0
e438eb64075a61c3f5a5218d497f5b5eeba8901652514f134cfa6f420069ce86: Memory=0
fb9460d525fa07a0ded24f8ed229483eb0247f0d31b3d9b1db827e34f9162c46: Memory=0
49d282bacd99a3b310ba21b748bc26a98f7d200b3c47f09d7df58be1143a8dd7: Memory=0
137c90807c8b54ccbc538e007a2e9c6dd81bb91ddb771cee1ac6e168d3c2b111: Memory=0
```

图 14-11 容器内存限制不到位

14.5.11 设置容器的 CPU 阈值

风险分析 默认情况下，CPU（Central Processing Unit，中央处理器）在容器之间平均分配，如果没有正确分配 CPU 阈值，容器进程可能会耗尽资源，致使系统不能正常响应。

加固详情 根据需要设置 CPU 的阈值。

加固步骤

（1）执行以下命令，查看 CpuShares 返回值，若返回 0 或 1024，则表示 CPU 限制未到位。若返回 1024 以外的非零值，则表示已经设置了阈值。

```
docker ps --quiet --all | xargs docker inspect --format '{{ .Id }}:CpuShares={{
.HostConfig.CpuShares }}'
```

（2）对于未设置 CPU 阈值的容器，使用命令 docker run -d --cpu-shares 512 centos sleep 1000（512 表示 CPU 阈值大小，该数据供参考）运行容器。

14.5.12 合理挂载容器的根文件系统

风险分析 容器的根文件系统以只读方式挂载，可以防止在容器运行时对根文件系统进行写入。

加固详情 确保容器的根文件系统以只读方式挂载。

加固步骤

（1）执行以下命令，如果命令返回 true，则表示容器的根文件系统以只读方式挂载。如果上述命令返回 false，则表示容器的根文件系统是可写的。

```
docker ps --quiet --all | xargs docker inspect --format '{{ .Id }}:ReadonlyRootfs=
{{ .HostConfig.ReadonlyRootfs }}'
```

（2）对于步骤（1）中返回 false 的容器，在容器的运行时添加--read-only 标志，强制将容器的根文件系统设置为只读，执行命令 docker run <Run arguments> --read-only <Container Image Name or ID> <Command>。

14.5.13 流量绑定特定的主机端口

风险分析 如果允许不可信主机传入流量，则存在安全风险，如中间人攻击、DoS 攻击等。

加固详情 将传入的容器流量绑定到特定的主机端口。

加固步骤

（1）执行以下命令，查看返回端口列表，确保暴露的容器端口绑定到特定 IP 地址，而不是全零 0.0 .0.0 监听。

```
docker ps --quiet | xargs docker inspect --format '{{ .Id }}: Ports={{.Network
Settings.Ports }}'
```

（2）将容器端口绑定到主机的特定端口。例如，执行命令 docker run --detach --publish 1.2.3.4:49153:80 nginx（将容器端口 80 绑定到主机端口 49153，并且只接受来自 1.2.3.4 的传入连接）。

14.5.14 设置容器重启策略

风险分析 如果无限期地尝试启动容器，可能会导致主机拒绝服务。

加固详情 确保“on-failure”容器重启策略设置为“5”。

加固步骤

（1）执行以下命令，如果命令返回 RestartPolicyName=always，则表示可以无限期地尝试重启容器；如果返回 RestartPolicyName=no 或者 RestartPolicyName=，则表示未设置重启策略。

```
docker ps --quiet --all | xargs docker inspect --format '{{ .Id }}:RestartPolicy
Name={{ .HostConfig.RestartPolicy.Name }} MaximumRetryCount={{.HostConfig.RestartPolicy.
MaximumRetryCount }}'
```

（2）对于步骤（1）中设置无限期重启或未设置重启策略的容器，执行以下命令进行重启策略设置。

```
docker run --detach --restart=on-failure:5 nginx
```

注意

上面的配置仅为 Nginx 容器示例，执行命令时名称需要适配。

14.5.15 不共享主机的 PID 命名空间

风险分析 如果主机的 PID（Process Identifier，进程控制符）命名空间与容器共享，则允许这些容器查看主机系统上的所有进程。那么有权访问容器的恶意用户则可以访问主机本身的进程，存在安全风险。

加固详情 确保主机的 PID 命名空间不共享。

加固步骤

（1）执行以下命令，查看返回值中 PidMode 参数值，如果参数值为 host，则表示主机 PID 命名空间与它的容器共享，如图 14-12 所示。

```
docker ps --quiet --all | xargs docker inspect --format '{{ .Id }}:PidMode={{
.HostConfig.PidMode }}'
```

（2）对于共享 PID 命名空间的容器，不使用--pid=host 参数重新启动容器。

```
[root@master01 ~]# docker ps --quiet --all | xargs docker inspect --format '{{ .Id }}:PidMode={{ .HostConfig.PidMode }}'|grep -i host
d2d31ab59b08b7440c174d8cfe23c9c393b19b9f1c364528287a622698059792:PidMode=host
274e7837137b2ebe4ebae95dbb7ac50288ec0881d79db88c186d5d20769f54cd:PidMode=host
[root@master01 ~]#
```

图 14-12 主机 PID 命名空间与它的容器共享

14.5.16 不共享主机的 IPC 命名空间

风险分析 如果主机的 IPC（Interprocess Communication，进程间通信）命名空间与容器共享，将允许容器内的进程看到主机系统上的所有 IPC。这将消除主机和容器之间的 IPC 级别的隔离，致使有权访问容器的攻击者可以访问此级别的主机。

加固详情 确保主机的 IPC 命名空间不共享。

加固步骤

（1）执行以下命令，如果返回 host，则表示主机 IPC 命名空间与容器共享。

```
docker ps --quiet --all | xargs docker inspect --format '{{ .Id }}:IpcMode={{ .HostConfig.IpcMode }}'
```

（2）对于共享 IPC 命名空间的容器，不使用--ipc=host 参数重新启动容器。

14.5.17 不直接暴露主机设备

风险分析 若将主机设备暴露给容器，容器就可以从主机中删除块设备。

加固详情 确保主机设备不直接暴露给容器。

加固步骤

（1）执行以下命令，如果命令返回[]，则容器无权访问主机设备；如果返回参数 CgroupPermissions 值为 rwm，则表示主机设备直接暴露给容器，且存在读、写权限。

```
docker ps --quiet --all | xargs docker inspect --format '{{ .Id }}:Devices={{ .HostConfig.Devices }}'
```

（2）重启容器，不使用--device 参数启动，如果必须加权限，应该只使用适当的权限。

14.5.18 设置系统资源限制

风险分析 设置系统资源限制 ulimit，可以防止过度使用系统资源而导致系统降级甚至无响应。

加固详情 默认情况下，nofile 最大打开文件句柄数设置为 1024，可以根据业务需求对其进行限制。

加固步骤

（1）执行以下命令，如果返回 Ulimits=<no value>，则说明使用默认设置，是安全的。

```
docker ps --quiet --all | xargs docker inspect --format '{{ .Id }}:Ulimits={{
.HostConfig.Ulimits }}'
```

（2）如果在特殊情况下需要覆盖默认设置，则参考以下命令启动容器。

docker run -ti -d --ulimit nofile=4096:4096 centos sleep 1000（1024:1024 为参考值）。

14.5.19 禁止将挂载传播模式设置为共享

风险分析 以共享模式挂载卷不会限制任何其他容器挂载和更改该卷，存在安全风险。

加固详情 禁止将挂载传播模式设置为共享。

加固步骤

（1）执行以下命令，如果结果中 Propagation 字段值包含 shared，则说明挂载传播模式已设置为共享。

```
docker ps --quiet --all | xargs docker inspect --format '{{ .Id }}:Propagation=
{{range $mnt := .Mounts}} {{json $mnt.Propagation}}{{end}}'
```

（2）对于挂载传播模式设置为共享的容器，执行以下命令，设置以非共享传播模式重启容器。

```
docker run <Run arguments> --volume=/hostPath:/containerPath:XXX <Container Image
Name or ID> <Command>（XXX 表示传播模式，设置为 shared 则表示共享传播模式）
```

14.5.20 不共享主机的 UTS 命名空间

风险分析 UTS（UNIX Timesharing System，UNIX 分时系统）命名空间用于设置该命名空间中正在运行的进程可见的主机名和域。如果共享主机的 UTS 命名空间，那么每个容器都拥有了更改主机的权限。

加固详情 禁止共享主机的 UTS 命名空间。

加固步骤

（1）执行以下命令，若返回结果中 UTSModee 字段值为 host，则说明主机的 UTS 命名空间与容器共享。

```
docker ps --quiet --all | xargs docker inspect --format '{{ .Id }}:UTSMode={{
.HostConfig.UTSMode }}'
```

（2）对于步骤（1）返回值 UTSMode 字段值为 host 的容器，不使用--uts=host 参数重新启动容器。

14.5.21 启用默认的 seccomp 配置

风险分析 默认的 seccomp 配置在白名单的基础上工作，允许大量常见的系统调用，同时阻止其他所有调用。若自定义配置增加调用，一定要适度，尽量不扩大攻击面。

加固详情　启用默认的 seccomp 配置。

加固步骤

（1）执行以下命令，如果返回值中 SecurityOpt 参数值为<no value>或自定义的 seccomp 配置文件，则进一步审视自定义 seccomp 配置文件中的调用是否都是业务所必需的。如果返回[seccomp:unconfined]，则说明容器在没有任何 seccomp 配置文件的情况下运行，需要启动该配置。

```
docker ps --quiet --all | xargs docker inspect --format '{{ .Id }}:SecurityOpt={{
.HostConfig.SecurityOpt }}'
```

（2）使用默认的 seccomp 配置文件是安全的，如果发现配置文件中存在非业务必需的调用或者容器在没有任何 seccomp 配置文件的情况下运行，则使用-security-opt 参数修改 seccomp 配置文件重启容器。

14.5.22　禁止 docker exec 使用--privileged 选项

风险分析　在 docker exec 命令中使用--privileged 选项可为该命令提供扩展的 Linux 功能。

加固详情　确保 docker exec 命令不与--privileged 选项一起使用。

加固步骤　执行命令 ausearch -k docker | grep exec | grep privileged，查找与--privileged 选项一起使用的 docker exec 命令，如果存在返回值，则执行以下命令重启容器。（Docker 默认 docker exec 命令不与--privileged 选项一起使用）

```
docker restart CONTAINER ID
```

14.5.23　禁止 docker exec 使用--user=root 选项

风险分析　在 docker exec 命令中使用--user=root 选项，则表示以 root 用户身份在容器中执行。

加固详情　确保 docker exec 命令不与--user=root 选项一起使用。

加固步骤　执行命令 ausearch -k docker | grep exec | grep user，查找与--user=root 选项一起使用的 docker exec 命令，如果存在返回值，则重启容器。（Docker 默认 docker exec 命令不与--user=root 选项一起使用）

14.5.24　使用默认的 Docker cgroup

风险分析　在运行时，可以将容器附加到与最初定义的 cgroup 不同的 cgroup。应该及时确认 cgroup 是否符合当前容器需求，因为附加到不同的 cgroup，可能会向容器授予过多的权限和资源。

加固详情 使用默认的 Docker cgroup。

加固步骤 执行以下命令，查看返回值，CgroupParent 参数值如果为空，则表示容器在默认的 Docker cgroup 下运行；如果存在返回值，则说明设置了非默认的 cgroup，不使用 --cgroup-parent 选项重启容器。

```
docker ps --quiet --all | xargs docker inspect --format '{{ .Id }}:CgroupParent=
{{ .HostConfig.CgroupParent }}'
```

14.5.25 限制容器获取额外的特权

风险分析 在内核中设置 no_new_priv 位，可以确保进程及其子进程不会通过 suid 或 sgid 位获得任何额外的特权，减少许多操作相关的意外风险，降低破坏特权二进制文件的可能性。

加固详情 限制容器获取额外的特权。

加固步骤

（1）执行命令，如果返回 no-new-privileges 不为 true，则说明未限制容器获取额外的特权（返回为空<no value>或者 true 则说明已限制）。

```
docker ps --quiet --all | xargs docker inspect --format '{{ .Id }}:SecurityOpt={{
.HostConfig.SecurityOpt }}'
```

（2）对于步骤（1）中返回 no-new-privileges 不为 true 的容器，使用命令 dockerd --no-new-privileges，运行 Docker 守护进程。

14.5.26 运行时检查容器健康状况

风险分析 检查容器健康状况，可以确保容器发生故障时能够及时采取补救措施。

加固详情 容器运行时使用--health-cmd 参数检查容器健康状况。

加固步骤 使用命令 `docker run -d --health-cmd='stat /etc/passwd || exit 1' nginx`（仅为示例，使用时需要适配容器），运行容器。

14.5.27 使用镜像的最新版本

风险分析 多个 Docker 命令（例如 docker pull、docker run 等）都存在一个问题，即默认情况下，它们会提取镜像的本地副本（如果存在），即使上游镜像仓库中存在相同标签的镜像更新版本也不例外。这可能会导致使用包含已知漏洞的旧镜像。

加固详情 使用镜像的最新版本。

加固步骤 将正在运行的镜像版本与镜像仓库中的最新版本进行对比，如果不一致，则删除本地镜像，指定最新版本镜像重新安装。

14.5.28 限制容器的 pid 个数

风险分析 设置 cgroup 中的--pids-limit 参数，限制指定时间范围内容器内可能发生的 fork（进程复制）数量，可以防止 fork 炸弹攻击。

加固详情 限制容器的 pid 个数。

加固步骤

（1）执行以下命令，如果返回值 PidsLimit 字段值为 0、-1 或者<no value>，则表示容器本身对并发进程数未进行限制，如图 14-13 所示。

```
docker ps --quiet --all | xargs docker inspect --format '{{ .Id }}:PidsLimit={{
.HostConfig.PidsLimit }}'
```

（2）对于步骤（1）中返回 0 或者-1 的容器，执行命令 docker run -it --pids-limit 100 <Image ID>，在指定时间内限制 100 个并发运行的进程。

图 14-13 容器本身对并发进程数未进行限制

14.5.29 不共享主机的用户命名空间

风险分析 若容器与主机共享主机的用户命名空间，则主机上的用户与容器中的用户不存在隔离，存在越权风险。

加固详情 确保容器不共享主机的用户命名空间。

加固步骤

（1）执行以下命令，如果返回值中 UsernsMode 字段值为 host，则说明容器与主机共享主机的用户命名空间。

```
docker ps --quiet --all | xargs docker inspect --format '{{ .Id }}:UsernsMode={{
.HostConfig.UsernsMode }}'
```

（2）重启步骤（1）中返回 host 的容器，且不使用--userns=host 参数。

14.5.30 禁止容器内安装 Docker 套接字

风险分析 如果 Docker 套接字安装在容器内，那么它可以允许容器内运行的进程执行 Docker 命令，存在控制主机的风险。

加固详情 禁止容器内安装 Docker 套接字。

加固步骤

（1）执行命令，如果存在返回值，则说明容器内安装了 Docker 套接字。

```
docker ps --quiet --all | xargs docker inspect --format '{{ .Id }}:Volumes={{
.Mounts }}' | grep docker.sock
```

（2）重启步骤（1）中存在返回值的容器，确保没有将 docker.sock 挂载为卷。

14.6 Docker swarm 配置

> **注意**
> 本节中的安全配置项仅适用于安装了 Docker swarm 的主机。

14.6.1 非必要则禁用 swarm 模式

风险分析 启用 swarm 模式时，系统上会打开多个网络端口，可供网络上的其他系统使用，还可进行集群管理及节点通信等活动，但同时扩大了系统攻击面。

加固详情 禁用 swarm 模式。

加固步骤 执行命令 docker info --format '{{ .Swarm }}'，如果输出结果中包括 active true，则表明 Docker 引擎已激活 swarm 模式，进一步确认是否确实需要该模式。如果不需要，则执行以下命令关闭 swarm 模式。

```
docker swarm leave
```

14.6.2 创建最小数量的管理节点

风险分析 swarm 中的管理节点可以控制 swarm 并且更改其配置，包括修改安全参数。

过多的管理节点会使集群更容易受到攻击。若管理节点不需要容错，则应选择单个节点作为管理节点。若需要容错，则应配置管理节点数量为最小奇数以实现适当的容错。

加固详情 在 swarm 中创建最少数量的管理节点。

加固步骤

（1）执行命令 docker info --format '{{ .Swarm.Managers }}'，查看管理节点的数量，或者执行命令 docker node ls | grep 'Leader' 。

（2）使用以下命令将多余的管理节点降级为工作节点。

```
docker node demote <ID>（<ID>表示要降级的管理节点的 ID 值）
```

14.6.3 将 swarm 服务绑定到特定主机端口

风险分析 当 swarm 服务初始化时，--listen-addr 标志的默认值为 0.0.0.0:2377，swarm 服务将监听主机上的所有端口。如果主机有多个端口，则存在安全风险。应该检查端口 2377（Docker swarm 的默认端口）和 7946（节点间通信端口）上的网络监听，确定这两个端口绑定在具体的 IP 地址上面。

加固详情 检查端口 2377 和 7946 是否已绑定在特定的主机 IP 地址。

加固步骤 执行命令 ss -lp | grep -iE ':2377|:7946'，查看端口是否监听特定 IP 地址，如果未监听，如 0.0.0.0:2377，则需要重新初始化 swarm 服务，为--listen-addr 参数指定特定 IP 地址。

14.6.4 确保所有 Docker swarm 覆盖网络均加密

风险分析 默认情况下，覆盖网络节点上的容器之间交换的数据是不加密的，这可能会暴露容器之间的流量。

加固详情 确保所有 Docker swarm 覆盖网络均加密。

加固步骤 执行以下命令，查看返回的 Options，如果不存在 encrypted，则说明未加密。如果存在未加密的覆盖网络，则在创建覆盖网络时添加--opt encrypted 选项。

```
docker network ls --filter driver=overlay --quiet | xargs docker network inspect
--format '{{.Name}} {{ .Options }}'
```

14.6.5 确保 swarm manager 在自动锁定模式下运行

风险分析 当 Docker 重启时，用于加密 swarm 节点间通信的 TLS 密钥和用于加解密磁盘上的 Raft 日志的密钥都会被加载到每个管理器节点的内存中，存在敏感信息泄露的风险。swarm manager 在自动锁定模式下运行可有效解决该问题。

加固详情　确保 swarm manager 在自动锁定模式下运行。

加固步骤　执行以下命令。

```
docker info --format 'Swarm Autolock: {{.Swarm.Cluster.Spec.EncryptionConfig.Auto
LockManagers }}'
```

如果返回 true 则说明自动锁定模式已运行。

如果返回 false 则执行以下命令进行设置。

```
docker swarm update -autolock
```

14.6.6　隔离管理平面流量与数据平面流量

风险分析　将管理平面流量与数据平面流量分开确保这些类型的流量彼此隔离。然后可以单独监控这些流量，给其绑定不同的流量控制监控和策略。这样能够确保即使数据平面上有大量流量，也可以访问管理平面。

加固详情　确保将管理平面流量与数据平面流量分开。

加固步骤　例如执行以下代码，分别使用管理平面和数据平面的专用接口来初始化 swarm。

```
docker swarm init --advertise-addr=192.168.0.1 --data-path-addr=17.1.0.3
```

读者朋友们，读到这里，你应该已认识到容器作为支撑应用运行的重要载体，为应用的运行提供了隔离和封装条件，成为云原生应用的基础设施底座。与虚拟机不同的是，虚拟机模拟了硬件系统，每个虚拟机都运行在独立的 Guest OS 上，而容器之间却共享操作系统内核，并未实现完全的隔离。若虚拟化软件存在缺陷，或宿主机内核被攻击，将会造成许多安全问题，包括隔离资源失效、容器逃逸等，影响宿主机上的其他容器甚至整个内网环境的安全。

当前以 Docker 为代表的容器化技术逐渐成熟，已经在云计算、微服务、开发运维一体化等领域得到了广泛研究和应用。但是由于容器存在天然的安全问题和缺陷，相关的安全事件也不断出现。不过，我们相信随着容器技术本身和配套安全解决方案研究的不断深入，容器技术将迎来下一个春天。

第 15 章 Kubernetes

Kubernetes，简称 K8s，主要用于管理云平台中主机容器化的应用，它拥有应用部署的能力，以及更新维护机制，其架构和组件如图 15-1 所示，其中 Auth 表示认证鉴权。

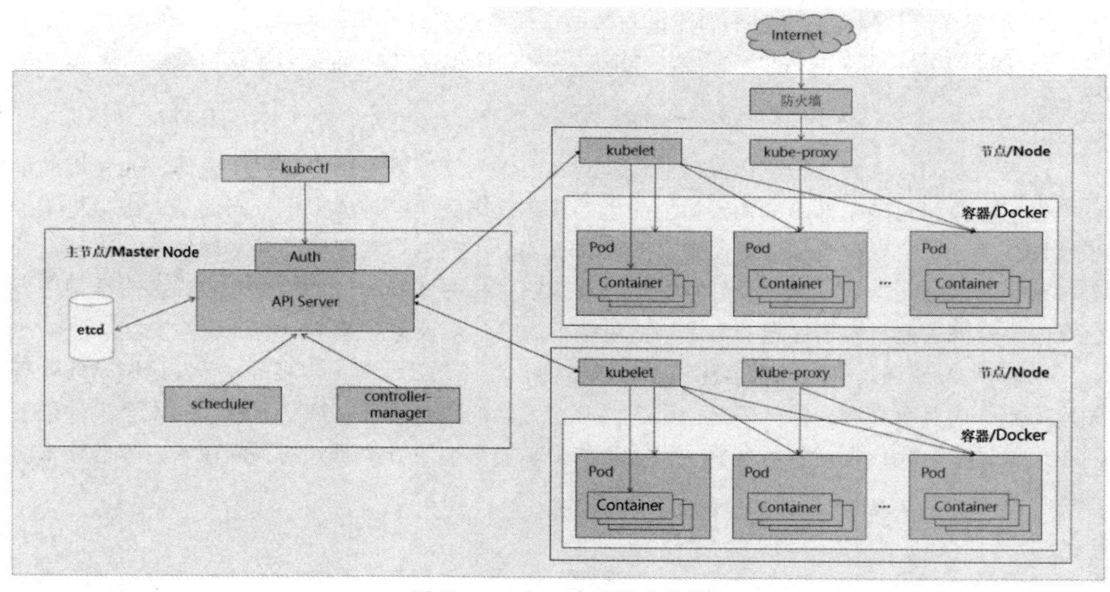

图 15-1　Kubernetes 架构和组件

随着云原生技术的不断发展，Kubernetes 已经成了一个非常流行的容器编排系统，管理着拥有数十个、数百个甚至数千个节点的容器集群，其配置的重要性不可忽略。K8s 的配置选项很复杂，一些安全功能并非默认开启，这加大了安全管理难度。如何实施最佳实践来确保 K8s 集群的安全性呢？本章将为读者揭晓答案。

15.1 Master Node 配置文件

主节点上的配置文件安全，主要涉及确保 API 服务器规范文件、控制器管理器规范文件、调度程序规范文件、etcd 规范文件、容器网络接口文件、etcd 数据目录、admin.conf 文件、scheduler.conf 文件、controller-manager.conf 文件、Kubernetes PKI（Public Key Infrastructure，公钥基础设施）目录及文件、Kubernetes PKI 密钥文件的属主属组和权限的最小化。

15.1.1 配置 kube-apiserver.yaml 的属主属组和权限

风险分析 API 服务器规范文件 kube-apiserver.yaml 定义了 API 服务器的各种参数，应合理控制该文件的属主属组和权限，将其配置为仅管理员可以写入，确保文件的完整性。

加固详情 配置 kube-apiserver.yaml 属主属组为 root:root，权限为 644 或更严格。

加固步骤

（1）在主节点上执行以下命令。

```
stat -c %U:%G /etc/kubernetes/manifests/kube-apiserver.yaml
```

返回结果若不为 root:root，则执行以下命令进行加固。

```
chown root:root /etc/kubernetes/manifests/kube-apiserver.yaml
```

（2）在主节点上执行命令。

```
stat -c %a /etc/kubernetes/manifests/kube-apiserver.yaml
```

返回结果若不为 644 或更严格，则执行以下命令进行加固。

```
chmod 644 /etc/kubernetes/manifests/kube-apiserver.yaml
```

15.1.2 配置 kube-controller-manager.yaml 的属主属组和权限

风险分析 控制器管理器规范文件 kube-controller-manager.yaml 定义了控制器管理器在主节点上的行为，应合理控制该文件的属主属组和权限，将其配置为仅管理员可以写入，确保文件的完整性。

加固详情 配置 kube-controller-manager.yaml 属主属组为 root:root，权限为 644 或更严格。

加固步骤

（1）在主节点上执行以下命令。

```
stat -c %U:%G /etc/kubernetes/manifests/kube-controller-manager.yaml
```

返回结果若不为 root:root，则执行以下命令进行加固。

```
chown root:root /etc/kubernetes/manifests/kube-controller-manager.yaml
```

（2）在主节点上执行以下命令。

```
stat -c %a /etc/kubernetes/manifests/kube-controller-manager.yaml
```

返回结果若不为 644 或更严格，则执行以下命令进行加固。

```
chmod 644 /etc/kubernetes/manifests/kube-controller-manager.yaml
```

15.1.3 配置 kube-scheduler.yaml 的属主属组和权限

风险分析 调度程序规范文件 kube-scheduler.yaml 定义了主节点中调度程序的行为，应合理控制该文件的属主属组和权限，将其配置为仅管理员可以写入，确保文件的完整性。

加固详情 配置 kube-scheduler.yaml 属主属组为 root:root，权限为 644 或更严格。

加固步骤

（1）在主节点上执行以下命令。

```
stat -c %U:%G /etc/kubernetes/manifests/kube-scheduler.yaml
```

返回结果若不为 root:root，则执行以下命令进行加固。

```
chown root:root /etc/kubernetes/manifests/kube-scheduler.yaml
```

（2）在主节点上执行以下命令。

```
stat -c %a /etc/kubernetes/manifests/kube-scheduler.yaml
```

返回结果若不为 644 或更严格，则执行以下命令进行加固。

```
chmod 644 /etc/kubernetes/manifests/kube-scheduler.yaml
```

15.1.4 配置 etcd.yaml 的属主属组和权限

风险分析 etcd 是一种高可用的键值存储，Kubernetes 使用它来持久存储其所有的 REST API 对象。etcd.yaml 定义了主节点中 etcd 服务的各种参数，应合理控制该文件的属主属组和权限，将其配置为仅管理员可以写入，确保文件的完整性。

加固详情 配置 etcd.yaml 属主属组为 root:root，权限为 644 或更严格。

加固步骤

（1）在主节点上执行以下命令。

```
stat -c %U:%G /etc/kubernetes/manifests/etcd.yaml
```

返回结果若不为 root:root，则执行以下命令进行加固。

```
chown root:root /etc/kubernetes/manifests/etcd.yaml
```

（2）在主节点上执行以下命令。

```
stat -c %a /etc/kubernetes/manifests/etcd.yaml
```

返回结果若不为 644 或更严格，则执行以下命令进行加固。

```
chmod 644 /etc/kubernetes/manifests/etcd.yaml
```

15.1.5 配置容器网络接口文件的属主属组和权限

风险分析 容器网络接口文件为覆盖网络提供了各种网络选项，应合理控制该文件的属主属组和权限，将其配置为仅管理员可以写入，确保文件的完整性。

加固详情 配置容器网络接口文件属主属组为 root:root，权限为 644 或更严格。

加固步骤

（1）在主节点上执行以下命令（基于系统上的文件位置）。

```
stat -c %U:%G <path/to/cni/files>
```

返回结果若不为 root:root，则执行以下命令进行加固。

```
chown root:root <path/to/cni/files>
```

（2）在主节点上执行以下命令（基于系统上的文件位置）。

```
stat -c %a <path/to/cni/files>
```

返回结果若不为 644 或更严格，则执行以下命令进行加固。

```
chmod 644 <path/to/cni/files>
```

15.1.6 配置 etcd 数据目录的属主属组和权限

风险分析 etcd 是一种高可用的键值存储，Kubernetes 使用它来持久存储所有 REST API 对象。应该保护 etcd 数据目录不受任何未经授权的读取或写入，属主属组为 etcd:etcd。

加固详情 配置 etcd 数据目属主属组为 etcd:etcd，权限为 700 或更严格。

加固步骤

（1）在 etcd 服务器节点上，执行命令 ps -ef | grep etcd，通过--data-dir 参数获得 etcd 数据目录，再执行以下命令。

```
stat -c %U:%G /var/lib/etcd（etcd 数据目录，基于系统上的文件位置）
```

返回结果若不为 etcd:etcd，则执行以下命令进行加固。

```
chown etcd:etcd /var/lib/etcd（etcd 数据目录，基于系统上的文件位置）
```

（2）在 etcd 服务器节点上，执行命令 ps -ef | grep etcd，通过--data-dir 参数获得 etcd 数据目录，再执行以下命令。

```
stat -c %a /var/lib/etcd（etcd 数据目录，基于系统上的文件位置）
```

返回结果若不为 700 或更严格，则执行以下命令进行加固。

```
chmod 700 /var/lib/etcd（etcd 数据目录，基于系统上的文件位置）
```

15.1.7 配置 admin.conf 的属主属组和权限

风险分析 admin.conf 定义了集群管理的各种设置，应合理控制该文件的属主属组和权限，将其配置为仅管理员可以写入，确保文件的完整性。

加固详情 配置 admin.conf 属主属组为 root:root，权限为 644 或更严格。

加固步骤

（1）在主节点上执行以下命令。

```
stat -c %U:%G /etc/kubernetes/admin.conf
```

返回结果若不为 root:root，则执行以下命令进行加固。

```
chown root:root /etc/kubernetes/admin.conf
```

（2）在主节点上执行以下命令。

```
stat -c %a /etc/kubernetes/admin.conf
```

返回结果若不为 644 或更严格，则执行以下命令进行加固。

```
chmod 644 /etc/kubernetes/admin.conf
```

15.1.8 配置 scheduler.conf 的属主属组和权限

风险分析 scheduler.conf 是调度程序的 kubeconfig 文件，应合理控制该文件的属主属组和权限，将其配置为仅管理员可以写入，确保文件的完整性。

加固详情 配置 scheduler.conf 属主属组为 root:root，权限为 644 或更严格。

加固步骤

（1）在主节点上执行以下命令。

```
stat -c %U:%G /etc/kubernetes/scheduler.conf
```

返回结果若不为 root:root，则执行以下命令进行加固。

```
chown root:root /etc/kubernetes/scheduler.conf
```

（2）在主节点上执行以下命令。

```
stat -c %a /etc/kubernetes/scheduler.conf
```

返回结果若不为 644 或更严格，则执行以下命令进行加固。

```
chmod 644 /etc/kubernetes/scheduler.conf
```

15.1.9 配置 controller-manager.conf 的属主属组和权限

风险分析 controller-manager.conf 文件是控制器管理器的 kubeconfig 文件，应合理控制该文件的属主属组和权限，将其配置为仅管理员可以写入，确保文件的完整性。

加固详情 配置 controller-manager.conf 属主属组为 root:root，权限为 644 或更严格。

加固步骤

（1）在主节点上执行以下命令。

```
stat -c %U:%G /etc/kubernetes/controller-manager.conf
```

返回结果若不为 root:root，则执行以下命令进行加固。

```
chown root:root /etc/kubernetes/controller-manager.conf
```

（2）在主节点上执行以下命令。

```
stat -c %a /etc/kubernetes/controller-manager.conf
```

返回结果若不为 644 或更严格，则执行以下命令进行加固。

```
chmod 644 /etc/kubernetes/controller-manager.conf
```

15.1.10 配置 Kubernetes PKI 目录及文件的属主属组和权限

风险分析 Kubernetes 使用许多证书、私钥文件，应配置包含 PKI 信息的目录和该目录下所有证书文件的权限为 644 或更严格，密钥文件为 600 或更严格，且仅管理员可以写入，确保文件的完整性。

加固详情 配置 Kubernetes PKI 证书目录和文件的属主属组为 root:root，证书权限为 644 或更严格，密钥文件为 600 或更严格。

加固步骤

（1）在主节点上执行以下命令。

```
ls -laR /etc/kubernetes/pki/（PKI 目录基于系统上的文件位置）
```

返回结果若不为 root:root，则执行以下命令进行加固。

```
chown -R root:root /etc/kubernetes/pki/（PKI 目录基于系统上的文件位置）
```

（2）在主节点上执行以下命令。

```
ls -laR /etc/kubernetes/pki/*.crt（PKI 目录基于系统上的文件位置）
```

返回结果若不为 644 或更严格，则执行以下命令进行加固。

```
chmod -R 644 /etc/kubernetes/pki/*.crt（PKI 目录基于系统上的文件位置）
```

（3）在主节点上执行以下命令。

```
ls -laR /etc/kubernetes/pki/*.key（PKI 目录基于系统上的文件位置）
```

返回结果若不为 600 或更严格，则执行以下命令进行加固。

```
chmod -R 600 /etc/kubernetes/pki/*.key（PKI 目录基于系统上的文件位置）
```

15.2 API Server

15.2.1 不使用基本身份认证

风险分析 基本身份认证使用明文凭据进行身份认证，该凭据可以无限期使用，且在不重新启动 API 服务器的情况下无法更改密码。因此使用基本身份认证存在安全风险。

加固详情 确保未设置--basic-auth-file 参数。

加固步骤 在主节点上执行命令 ps -ef | grep kube-apiserver，查看--basic-auth-file 参数，若该参数存在，则删除 API 服务器规范文件/etc/kubernetes/manifests/kube-apiserver.yaml 中的--basic-auth-file 参数。

15.2.2 不使用基于令牌的身份认证

风险分析 基于令牌的身份认证使用静态令牌来验证对 apiserver 的请求，令牌以明文形式存储在 apiserver 上的文件中，且在不重新启动 apiserver 的情况下无法撤销或轮换。因此，使用基于令牌的身份认证存在安全风险。

加固详情 确保未设置--token-auth-file 参数。

加固步骤 在主节点上执行命令 ps -ef | grep kube-apiserver，查看--token-auth-file 参数，如图 15-2 所示。若该参数存在，则删除 API 服务器规范文件/etc/kubernetes/manifests/kube-apiserver.yaml 中的--token-auth-file 参数。

```
[root@k8scluster-master-1 ~]# ps -ef | grep kube-apiserver|grep -i 'token-auth-file'
[root@k8scluster-master-1 ~]#
```

图 15-2 查看--token-auth-file 参数

15.2.3 使用 HTTPS 进行 Kubelet 连接

风险分析 apiserver 和 Kubelet 的连接中可能会携带密钥等敏感数据，因此应使用加密的协议，确保其传输通道安全。

加固详情 确保--kubelet-https 参数设置为 true。

加固步骤 在主节点上执行命令 ps -ef | grep kube-apiserver，查看参数--kubelet-https，若该参数存在或未设置为 true，则删除 API 服务器规范文件/etc/kubernetes/manifests/kube-apiserver.yaml 中的--kubelet-https 参数或将该参数设置为 true。

15.2.4 启用基于证书的 Kubelet 身份认证

风险分析 默认情况下，apiserver 不对 Kubelet 的 HTTPS 端点进行身份认证。因此需要手动设置基于证书的 Kubelet 身份认证。

加固详情 确保--kubelet-client-certificate 和--kubelet-client-key 参数设置合理。

加固步骤 在主节点上执行命令 ps -ef | grep kube-apiserver，查看--kubelet-client-certificate 和--kubelet-client-key 参数，若这两个参数不存在或设置不合理，则编辑 API 服务器规范文件/etc/kubernetes/manifests/kube-apiserver.yaml（基于系统上的文件位置），进行如下设置。成功设置基于证书的 Kubelet 身份认证，如图 15-3 所示。

```
--kubelet-client-certificate=<path/client-certificate-file> --kubelet-client-key=
<path/to/client-key-file>
```

```
[root@k8scluster-master-1 ~]# cat /etc/kubernetes/manifests/kube-apiserver.yaml|grep -i client
    - --client-ca-file=/etc/kubernetes/pki/ca.crt
    - --etcd-certfile=/etc/kubernetes/pki/apiserver-etcd-client.crt
    - --etcd-keyfile=/etc/kubernetes/pki/apiserver-etcd-client.key
    - --kubelet-client-certificate=/etc/kubernetes/pki/apiserver-kubelet-client.crt
    - --kubelet-client-key=/etc/kubernetes/pki/apiserver-kubelet-client.key
    - --proxy-client-cert-file=/etc/kubernetes/pki/front-proxy-client.crt
    - --proxy-client-key-file=/etc/kubernetes/pki/front-proxy-client.key
    - --requestheader-allowed-names=front-proxy-client
    - --requestheader-client-ca-file=/etc/kubernetes/pki/front-proxy-ca.crt
```

图 15-3 成功设置基于证书的 Kubelet 身份认证

15.2.5 建立连接前验证 Kubelet 证书

风险分析 默认情况下，apiserver 不验证 Kubelet 证书，存在中间人攻击风险。

加固详情 确保--kubelet-certificate-authority 参数设置合理。

加固步骤 在主节点上执行命令 ps -ef | grep kube-apiserver，查看--kubelet-certificate-authority 参数，若该参数不存在或设置不合理，则编辑 API 服务器规范文件/etc/kubernetes/manifests/kube-apiserver.yaml（基于系统上的文件位置），进行如下设置。

```
--kubelet-certificate-authority=<ca-string>
```

15.2.6 禁止授权所有请求

风险分析 API 服务器可以配置为允许所有请求，此时存在被恶意攻击的风险，因此不应在生产集群上使用此配置。

加固详情 确保--authorization-mode 参数不为 AlwaysAllow。

加固步骤 在主节点上执行命令 ps -ef | grep kube-apiserver，查看--authorization-mode 参数，若该参数不存在或设置为 AlwaysAllow，则编辑 API 服务器规范文件/etc/kubernetes/manifests/kube-apiserver.yaml（基于系统上的文件位置），进行如下设置。

```
--authorization-mode=Node,RBAC
```

15.2.7 设置合理的授权方式

风险分析 Node 授权方式只允许 Kubelet 读取与其节点关联的 Secret、ConfigMap、PersistentVolume 和 PersistentVolumeClaim 对象。RBAC（Role-Based Access Control，基于角色的访问控制）授权方式允许不同实体对集群中的不同对象执行的操作进行细粒度的精准控制。因此，推荐使用 Node、RBAC 授权方式。

加固详情 确保--authorization-mode 参数包含 Node、RBAC。

加固步骤 在主节点上执行命令 ps -ef | grep kube-apiserver，查看--authorization-mode 参数，若该参数不存在或设置的值不包含 Node 或 RBAC，则编辑主节点上的 API 服务器规范文件/etc/kubernetes/manifests/kube-apiserver.yaml（基于系统上的文件位置），进行如下设置。

```
--authorization-mode=Node,RBAC
```

15.2.8 设置新 Pod 重启时按需拉取镜像

风险分析 在多租户集群中，如果没有将准入控制策略设置为 AlwaysPullImages，一旦镜像被拉取到节点上，任何用户的任何 Pod 无须对镜像进行授权检查即可通过镜像名称来使用。而将准入控制策略设置为 AlwaysPullImages，则始终会在启动容器之前拉取镜像，这意味着需要用户提供有效的凭据。

加固详情 确保准入控制策略 AlwaysPullImages 已设置，使得新 Pod 每次重启时都拉取所需的镜像。

加固步骤 在主节点上执行命令 ps -ef | grep kube-apiserver，查看--enable-admission-plugins 参数，若该参数不包含 AlwaysPullImages，则编辑 API 服务器规范文件/etc/kubernetes/manifests/kube-apiserver.yaml（基于系统上的文件位置），进行如下设置。成功设置 AlwaysPullImages，如图 15-4 所示。

```
--enable-admission-plugins=AlwaysPullImages,...
```

[root@k8scluster-master-1 ~]# cat /etc/kubernetes/manifests/kube-apiserver.yaml|grep -i 'enable-admission-plugins'
    - --enable-admission-plugins=NodeRestriction,AlwaysPullImages

图 15-4 成功设置 AlwaysPullImages

15.2.9 避免自动分配服务账号

风险分析 创建 Pod 时，若未指定服务账号，则会自动分配同一个命名空间下的默认服务账号。用户应创建自己的服务账号并让 API 服务器对其进行管理。

加固详情 合理设置--disable-admission-plugins 参数，避免自动分配服务账号。

加固步骤 在主节点上执行命令 ps -ef | grep kube-apiserver，查看--disable-admission-plugins 参数，若该参数包含 ServiceAccount，则编辑 API 服务器规范文件/etc/kubernetes/manifests/kube-apiserver.yaml（基于系统上的文件位置），设置--disable-admission-plugins 参数的值不包含 ServiceAccount。

15.2.10 拒绝在不存在的命名空间中创建对象

风险分析 执行准入控制策略的插件为 NamespaceLifecycle，设置该插件将无法在不存在的命名空间中创建对象，也无法在正在终止的命名空间中创建对象。这样操作可以有效保障命名空间的完整性以及新对象的可用性。

加固详情 确保准入控制插件 NamespaceLifecycle 已设置。

加固步骤 在主节点上执行命令 ps -ef | grep kube-apiserver，查看--disable-admission-plugins 参数，若该参数包含 NamespaceLifecycle，则编辑 API 服务器规范文件/etc/kubernetes/manifests/kube-apiserver.yaml（基于系统上的文件位置），设置--disable-admission-plugins 参数，确保该参数的值不包含 NamespaceLifecycle。

15.2.11 拒绝创建不安全的 Pod

风险分析 PodSecurityPolicy 插件用于控制 Pod 可执行的操作以及可访问的内容，它由控制 Pod 可访问的安全功能的设置和策略组成，必须使用它来控制 Pod 访问权限。设置时需注意，当使用 PodSecurityPolicy 插件时，至少要存在一个 PodSecurityPolicy 以允许任何 Pod 被准入。

加固详情 确保准入控制插件 PodSecurityPolicy 已设置。

加固步骤 在主节点上执行命令 ps -ef | grep kube-apiserver，查看--enable-admission-plugins 参数，若该参数不包含 PodSecurityPolicy，则编辑 API 服务器规范文件/etc/kubernetes/manifests/kube-apiserver.yaml（基于系统上的文件位置），进行如下设置。成功设置插件 PodSecurityPolicy，如图 15-5 所示。

```
--enable-admission-plugins=PodSecurityPolicy,...
```

```
[root@k8scluster-master-1 ~]# cat /etc/kubernetes/manifests/kube-apiserver.yaml|grep -i enable-admission-plugins
    - --enable-admission-plugins=NodeRestriction,PodSecurityPolicy
```

图 15-5 成功设置插件 PodSecurityPolicy

15.2.12 设置准入控制插件 NodeRestriction

风险分析 使用 NodeRestriction 插件，Kubelet 将只允许修改自己的 Node API 对象，并且只能修改绑定到其节点的 Pod API 对象，缩小了攻击面。

加固详情 确保准入控制插件 NodeRestriction 已设置，限制 Kubelet 可修改的 Node API 和 Pod API 对象。

加固步骤 在主节点上执行命令 ps -ef | grep kube-apiserver，查看--enable-admission-plugins 参数，若该参数不包含 NodeRestriction，则编辑 API 服务器规范文件/etc/kubernetes/manifests/kube-apiserver.yaml（基于系统上的文件位置），进行以下设置。

```
--enable-admission-plugins=NodeRestriction,...
```

15.2.13 不绑定不安全的 apiserver 地址

风险分析 若将 apiserver 绑定到一个不安全的地址，apiserver 将不对该地址进行身份认证检查，并且明文传输流量到不安全的 API 端口，存在攻击者读取敏感数据的风险。

加固详情 确保未设置--insecure-bind-address 参数。

加固步骤 在主节点上执行命令 ps -ef | grep kube-apiserver，查看--insecure-bind-address 参数，若该参数存在，则编辑 API 服务器规范文件/etc/kubernetes/manifests/kube-apiserver.yaml（基于系统上的文件位置），删除--insecure-bind-address 参数。

15.2.14 不绑定不安全的端口

风险分析 若将 apiserver 绑定在不安全的端口，意味着攻击者可以访问此端口，甚至有可能通过此端口控制集群。

加固详情 确保--insecure-port 参数设置为“0”。

加固步骤 在主节点上执行命令 ps -ef | grep kube-apiserver，查看--insecure-port 参数，若该参数不为 0，则编辑 API 服务器规范文件/etc/kubernetes/manifests/kube-apiserver.yaml（基于系统上的文件位置），设置该参数为“0”。

15.2.15 不禁用安全端口

风险分析 安全端口需要身份认证且使用 HTTPS 加密传输，禁用会引发安全风险。

加固详情 确保--secure-port 参数未设置为“0”。

加固步骤 在主节点上执行命令 ps -ef | grep kube-apiserver，查看--secure-port 参数，若该参数值为“0”，则编辑 API 服务器规范文件/etc/kubernetes/manifests/kube-apiserver.yaml（基于系统上的文件位置），设置--secure-port 参数为业务需要的 1～65535 的端口，如图 15-6 所示。

```
[root@k8scluster-master-1 ~]# cat /etc/kubernetes/manifests/kube-apiserver.yaml|grep -i secure
    - --secure-port=6443
```

图 15-6 设置--secure-port 参数为业务需要的 1～65535 的端口

15.2.16 启用日志审计

风险分析 Kubernetes 提供了基本的日志审计功能，可以按时间顺序记录单个用户、管理员或其他影响系统的组件的活动，禁用该功能会导致 apiserver 被攻击或出现故障时无法追溯。

加固详情 确保合理设置--audit-log-path 参数。

加固步骤 在主节点上执行命令 ps -ef | grep kube-apiserver，查看--audit-log-path 参数，若该参数为空或设置不合理，则编辑 API 服务器规范文件/etc/kubernetes/manifests/kube-apiserver.yaml（基于系统上的文件位置），将--audit-log-path 参数设置为期望的日志路径和文件，参考设置如下。

```
--audit-log-path=/var/log/apiserver/audit.log（仅为示例，路径自行设置）
```

15.2.17 设置合适的日志文件参数

风险分析 Kubernetes 会自动轮换日志文件，保留旧日志文件至少 30 天，设置合理的轮换参数，可确保有足够的日志数据用于追溯事件。例如，将文件大小设置为 100MB，保留的旧日志文件数量设置为“10”，那么将保留 1GB 的日志数据。

加固详情 确保--audit-log-maxage 参数设置为“30”或其他合适的值，确保--audit-log-maxbackup 参数设置为“10”或其他合适的值，确保--audit-log-maxsize 参数设置为“100”或其他合适的值，便于轮换日志文件。

加固步骤 在主节点上执行命令 ps -ef | grep kube-apiserver，查看--audit-log-maxage、--audit-log-maxbackup、--audit-log-maxsize 参数，若参数未设置或设置不合理，则编辑 API 服务器规范文件/etc/kubernetes/manifests/kube-apiserver.yaml（基于系统上的文件位置），参考设置如下。

```
--audit-log-maxage=30
--audit-log-maxbackup=10
--audit-log-maxsize=100
```

15.2.18 设置适当的 API 服务器请求超时参数

风险分析 全局请求超时参数默认值为 60s，这对于较慢的连接可能会引发问题，一旦请求的数据量超过 60s 可以传输的数据量，将无法访问集群资源。但是，若请求超时参数设置过大，则可能耗尽 API 服务器资源，使其容易受到 DoS 攻击。因此，建议合理设置此参数，仅在需要时才去更改默认值。

加固详情 确保合理设置--request-timeout 参数。

加固步骤 在主节点上执行命令 ps -ef | grep kube-apiserver，查看--request-timeout 参数，若该参数为空或设置不合理，则编辑 API 服务器规范文件/etc/kubernetes/manifests/kube-apiserver.yaml（基于系统上的文件位置），设置如下参数。

```
--request-timeout=300s
```

15.2.19 验证令牌之前先验证服务账号

风险分析 如果--service-account-lookup 未启用，apiserver 仅验证身份认证令牌是否有效，而不验证请求中提到的服务账号令牌是否真实存在。

加固详情 确保--service-account-lookup 参数设置为 true。

加固步骤 在主节点上执行命令 ps -ef | grep kube-apiserver，查看--service-account-lookup 参数，若该参数存在且参数值不为 true，则编辑主节点上的 API 服务器规范文件 /etc/kubernetes/manifests/kube-apiserver.yaml（基于系统上的文件位置），删除--service-account-lookup 参数或将该参数设置为 true。

15.2.20 为 apiserver 的服务账号设置公钥文件

风险分析 默认情况下，如果没有为 apiserver 指定--service-account-key-file，那么它会

使用 TLS 服务证书中的私钥来验证服务账号令牌。为确保可根据需要轮换服务账号令牌的密钥来进行验证，应使用单独的公钥/私钥对来签署服务账号令牌，即通过--service-account-key-file 将公钥指定给 apiserver。

加固详情 确保合理设置--service-account-key-file 参数。

加固步骤 在主节点上执行命令 ps -ef | grep kube-apiserver，查看--service-account-key-file 参数，若该参数为空，则编辑 API 服务器规范文件/etc/kubernetes/manifests/kube-apiserver.yaml，设置如下参数（基于系统上的文件位置）。成功为 apiserver 上的服务账户显式设置公钥文件，如图 15-7 所示。

```
--service-account-key-file=<filename>
```

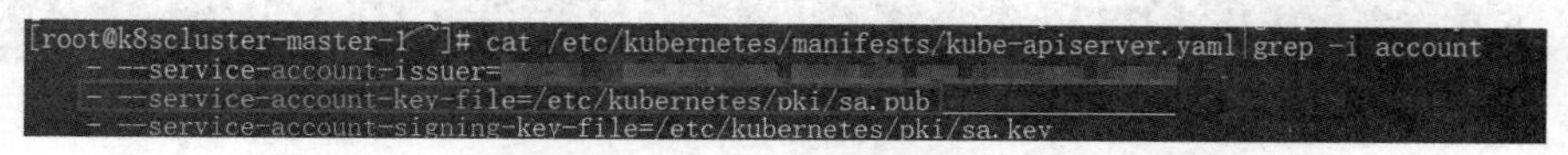
[root@k8scluster-master-1 ~]# cat /etc/kubernetes/manifests/kube-apiserver.yaml|grep -i account
- --service-account-issuer=
- --service-account-key-file=/etc/kubernetes/pki/sa.pub
- --service-account-signing-key-file=/etc/kubernetes/pki/sa.key

图 15-7 成功为 apiserver 上的服务账户显式设置公钥文件

15.2.21 设置 apiserver 和 etcd 之间的 TLS 连接

风险分析 etcd 是 Kubernetes 部署使用的高可用键值存储，用于持久存储其所有 REST API 对象。这些对象的信息比较敏感，应使用客户端身份验证进行保护。这要求 API 服务器使用客户端证书和密钥向 etcd 服务器标识自身。

加固详情 确保合理设置--etcd-certfile 和--etcd-keyfile 参数。

加固步骤 在主节点上执行命令 ps -ef | grep kube-apiserver，查看--etcd-certfile 和--etcd-keyfile 参数，若这些参数为空，则编辑 API 服务器规范文件/etc/kubernetes/manifests/kube-apiserver.yaml，设置如下参数（基于系统上的文件位置）。成功设置 apiserver 和 etcd 之间的 TLS 连接，如图 15-8 所示。

```
--etcd-keyfile=<path/to/client-key-file>
--etcd-certfile=<path/to/client-certificate-file>
```

```
[root@k8scluster-master-1 ~]# cat /etc/kubernetes/manifests/kube-apiserver.yaml|grep -i etcd
  - --etcd-cafile=/etc/kubernetes/pki/etcd/ca.crt
  - --etcd-certfile=/etc/kubernetes/pki/apiserver-etcd-client.crt
  - --etcd-keyfile=/etc/kubernetes/pki/apiserver-etcd-client.key
```

图 15-8 成功设置 apiserver 和 etcd 之间的 TLS 连接

15.2.22 设置 apiserver 的 TLS 连接

风险分析 合理设置--client-ca-file 参数，可确保任何由 client-ca-file 中的客户端证书签名的客户端证书的请求，都将使用客户端证书中 CommonName 对应的身份进行身份认证。

加固详情 确保合理设置--tls-cert-file、--tls-private-key-file 和--client-ca-file 参数。

加固步骤 在主节点上执行命令 ps -ef | grep kube-apiserver，查看--tls-cert-file、--tls-private-key-file、--client-ca-file 参数，若这些参数为空，则编辑 API 服务器规范文件/etc/kubernetes/manifests/kube-apiserver.yaml，进行如下设置（基于系统上的文件位置）。成功设置 apiserver 的 TLS 连接，如图 15-9 所示。

```
--tls-cert-file=<path/to/tls-certificate-file>
--tls-private-key-file=<path/to/tls-key-file>
--client-ca-file=<path/to/client-ca-file>
```

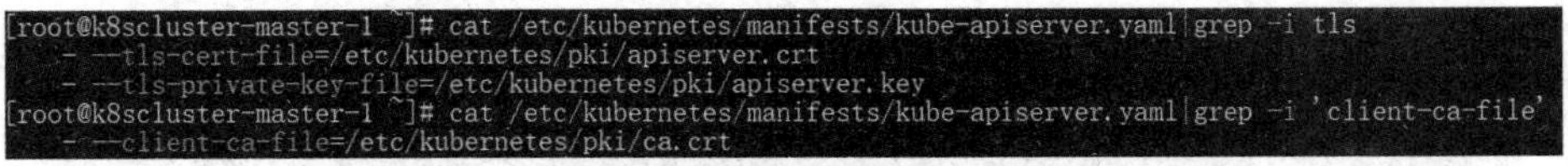

```
[root@k8scluster-master-1 ~]# cat /etc/kubernetes/manifests/kube-apiserver.yaml|grep -i tls
    - --tls-cert-file=/etc/kubernetes/pki/apiserver.crt
    - --tls-private-key-file=/etc/kubernetes/pki/apiserver.key
[root@k8scluster-master-1 ~]# cat /etc/kubernetes/manifests/kube-apiserver.yaml|grep -i 'client-ca-file'
    - --client-ca-file=/etc/kubernetes/pki/ca.crt
```

图 15-9 成功设置 apiserver 的 TLS 连接

15.2.23 设置 etcd 对客户端的 TLS 连接

风险分析 etcd 是 Kubernetes 部署使用的高可用键值存储，用于持久存储其所有 REST API 对象。这些对象的信息比较敏感，应受到客户端身份认证的保护。这需要 API 服务器使用 SSL 证书授权文件向 etcd 服务器标识自己。

加固详情 确保合理设置--etcd-cafile 参数。

加固步骤 在主节点上执行命令 ps -ef | grep kube-apiserver，查看--etcd-cafile 参数，若该参数为空，则编辑 API 服务器规范文件/etc/kubernetes/manifests/kube-apiserver.yaml，进行如下设置（基于系统上的文件位置）。

```
--etcd-cafile=<path/to/ca-file>
```

15.2.24 设置加密存储 etcd 键值

风险分析 etcd 是 Kubernetes 部署使用的高可用键值存储，用于持久存储其所有 REST API 对象。这些对象比较敏感，应加密存储，避免泄露。

加固详情 确保合理设置--encryption-provider-config 参数。

加固步骤 在主节点上运行命令 ps -ef | grep kube-apiserver，确认--encryption-provider-config 为 EncryptionConfig 文件，否则编辑 API 服务器规范文件/etc/kubernetes/manifests/kube-apiserver.yaml，将--encryption-provider-config 参数设置为该文件的路径。成功设置加密存储 etcd 键值，如图 15-10 所示（基于系统上的文件位置）。

```
--encryption-provider-config=</path/to/EncryptionConfig/File>
```

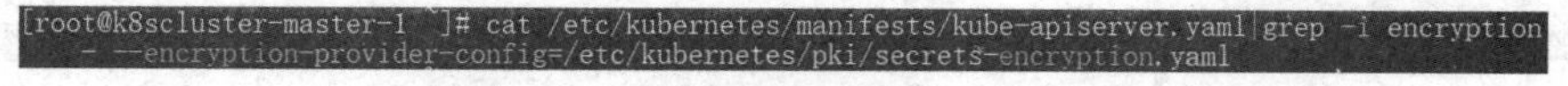

图 15-10　成功设置加密存储 etcd 键值

15.3　Controller 管理器

15.3.1　每个控制器使用单独的服务账号凭证

风险分析　Controller 管理器为每个在 kube-system 命名空间中的控制器创建一个服务账号，为其生成一个服务账号凭证，并使用该凭证构建一个专用的 API 客户端，供每个控制器循环使用。将--use-service-account 参数设置为 true，会使用单独的服务账号凭据运行 Controller 管理器中的每个控制循环。默认情况下该参数值为 false。

加固详情　确保--use-service-account-credentials 参数设置为 true。

加固步骤　在主节点上执行命令 ps -ef | grep kube-controller-manager，查看--use-service-account-credentials 参数，若参数值不为 true 或不存在，则编辑 Controller 管理器规范文件/etc/kubernetes/manifests/kube-controller-manager.yaml，设置该参数为 true，如图 15-11 所示。

```
spec:
  containers:
  - command:
    - kube-controller-manager
    - --allocate-node-cidrs=true
    - --authentication-kubeconfig=/etc/kubernetes/controller-manager.conf
    - --authorization-kubeconfig=/etc/kubernetes/controller-manager.conf
    - --bind-address=127.0.0.1
    - --client-ca-file=/etc/kubernetes/pki/ca.crt
    - --cluster-cidr=[illegible]/18
    - --cluster-name=kubernetes
    - --cluster-signing-cert-file=/etc/kubernetes/pki/ca.crt
    - --cluster-signing-key-file=/etc/kubernetes/pki/ca.key
    - --controllers=*,bootstrapsigner,tokencleaner
    - --experimental-cluster-signing-duration=876000h0m0s
    - --feature-gates=RotateKubeletServerCertificate=true
    - --kubeconfig=/etc/kubernetes/controller-manager.conf
    - --leader-elect=true
    - --node-cidr-mask-size=24
    - --node-monitor-grace-period=40s
    - --node-monitor-period=5s
    - --pod-eviction-timeout=2m0s
    - --port=0
    - --profiling=false
    - --requestheader-client-ca-file=/etc/kubernetes/pki/front-proxy-ca.crt
    - --root-ca-file=/etc/kubernetes/pki/ca.crt
    - --service-account-private-key-file=/etc/kubernetes/pki/sa.key
    - --service-cluster-ip-range=[illegible]/18
    - --terminated-pod-gc-threshold=10
    - --use-service-account-credentials=true
```

图 15-11　设置--use-service-account-credentials 参数为 true

15.3.2　为 Controller 的服务账号设置私钥文件

风险分析　为确保服务账号令牌的密钥可以根据需要进行轮换，应使用单独的公钥/私钥对来签署服务账号令牌。

加固详情　确保--service-account-private-key-file 参数合理设置。

加固步骤 在主节点上执行命令 ps -ef | grep kube-controller-manager，查看--service-account-private-key-file 参数，若该参数为空或设置不合理，则编辑 Controller 管理器规范文件/etc/kubernetes/manifests/kube-controller-manager.yaml，将该参数设置为服务账号的私钥文件，即设置--service-account-private-key-file=<filename>（基于系统上的文件位置），如图 15-12 所示。

```
[root@k8scluster-master-1 ~]# cat /etc/kubernetes/manifests/kube-controller-manager.yaml|grep -i service-account
    - --service-account-private-key-file=/etc/kubernetes/pki/sa.key
    - --use-service-account-credentials=true
```

图 15-12 设置--service-account-private-key-file 参数为服务账号的私钥文件

15.3.3 设置 API 服务器的服务证书

风险分析 API 服务器的进程在运行之前，必须验证 API 服务器的服务证书，否则可能会受到中间人攻击。使用--root-ca-file 参数向 Controller 管理器提供 API 服务器的服务证书的根证书，允许 Controller 管理器将受信任的捆绑包注入 Pod，以便它们可以验证与 API 服务器的 TLS 连接。

加固详情 确保根据需要设置--root-ca-file 参数。

加固步骤 在主节点上执行命令 ps -ef | grep kube-controller-manager，查看--root-ca-file 参数，若该参数不存在或设置中不包含 API 服务器的服务证书的根证书的证书捆绑文件，则编辑主节点上的 Controller 管理器规范文件/etc/kubernetes/manifests/kube-controller-manager.yaml，将该参数设置为 API 服务器的服务证书，即设置--root-ca-file=<证书文件路径>，如图 15-13 所示。

```
[root@k8scluster-master-1 ~]# cat /etc/kubernetes/manifests/kube-controller-manager.yaml|grep -i root-ca-file
    - --root-ca-file=/etc/kubernetes/pki/ca.crt
[root@k8scluster-master-1 ~]#
```

图 15-13 设置--root-ca-file 参数为 API 服务器的服务证书

15.3.4 禁止 Controller Manager API 服务绑定非环回的不安全地址

风险分析 默认情况下，在端口 10252/TCP 上运行的 Controller Manager API 服务用于提供健康和指标信息，无须身份认证或加密即可使用。因此，Controller Manager API 应该只绑定到本地环回地址，禁止其绑定非环回的不安全地址，从而最小化集群的攻击面。

加固详情 确保--bind-address 参数设置为 127.0.0.1。

加固步骤 在主节点上执行命令 ps -ef | grep kube-controller-manager，查看--bind-address 参数，若参数不为 127.0.0.1 或不存在，则编辑主节点上的 Controller 管理器规范文件/etc/kubernetes/manifests/kube-controller-manager.yaml，将该参数设置为 127.0.0.1，如图 15-14 所示。

```
[root@k8scluster-master-1 ~]# cat /etc/kubernetes/manifests/kube-controller-manager.yaml|grep -i bind-address
    - --bind-address=127.0.0.1
[root@k8scluster-master-1 ~]#
```

图 15-14 设置--bind-address 参数为 127.0.0.1

15.4 scheduler

15.4.1 确保--profiling 参数为 false

风险分析 --profiling 参数如果设置为 true，将会生成大量程序数据，这些数据可以被用来发现系统和程序细节。但如果不需要对 scheduler 进行故障排除，建议将其设置为 false 以缩小潜在的攻击面。

加固详情 确保--profiling 参数设置为 false。

加固步骤 在主节点上执行命令 ps -ef | grep kube-scheduler，查看--profiling 参数，若该参数不为 false 或者不存在，编辑主节点上的 scheduler 规范文件/etc/kubernetes/manifests/kube-scheduler.yaml，设置以下参数。

```
--profiling=false
```

15.4.2 禁止 scheduler API 服务绑定到非环回的不安全地址

风险分析 默认情况下，在端口 10251/TCP 上运行的 scheduler API 服务用于提供健康和指标信息，无须身份认证或加密即可使用。因此，它应该只绑定到本地环回地址，以最小化集群的攻击面。

加固详情 确保--bind-address 参数设置为 127.0.0.1。

加固步骤 在主节点上执行命令 ps -ef | grep kube-scheduler，查看--bind-addres 参数，若不为 127.0.0.1 或不存在，则编辑主节点上的 Scheduler 规范文件/etc/kubernetes/manifests/kube-scheduler.yaml，将该参数设置为 127.0.0.1。

15.5 etcd

15.5.1 为 etcd 服务配置 TLS 加密

风险分析 etcd 是 Kubernetes 部署使用的高可用键值存储，用于持久存储其所有 REST API 对象。这些对象的信息比较敏感，应加密传输。

加固详情 确保--cert-file 和--key-file 参数设置合理。

加固步骤 在 etcd 服务节点上执行命令 ps -ef | grep etcd，查看--cert-file 和--key-file 参数，

若参数为空或设置不合理，则编辑 etcd 规范文件/etc/kubernetes/manifests/etcd.yaml 并设置如下参数。

```
--cert-file=</path/to/ca-file>（基于系统上的文件位置）
--key-file=</path/to/key-file>（基于系统上的文件位置）
```

15.5.2 在 etcd 服务上启用客户端身份认证

风险分析 etcd 是 Kubernetes 部署使用的高可用键值存储，用于持久存储其所有 REST API 对象。这些对象的信息比较敏感，应通过有效证书启用客户端身份认证。

加固详情 确保--client-cert-auth 参数设置为 true。

加固步骤 在 etcd 服务节点上执行命令 ps -ef | grep etcd，查看--client-cert-auth 参数，若参数为空或设置不合理，则编辑 etcd 规范文件/etc/kubernetes/manifests/etcd.yaml 并设置该参数为 true。

15.5.3 禁止自签名证书用于 TLS

风险分析 etcd 是 Kubernetes 部署使用的高可用键值存储，用于持久存储其所有 REST API 对象。这些对象的信息比较敏感，应禁止自签名证书用于 TLS。

加固详情 确保--auto-tls 参数未设置为 true。

加固步骤 在 etcd 服务节点上执行命令 ps -ef | grep etcd，查看--auto-tls 参数，若参数设置为 true，则编辑 etcd 规范文件/etc/kubernetes/manifests/etcd.yaml，删除--auto-tls 参数或将其设置为 false。

15.5.4 设置 etcd 的 TLS 连接

风险分析 etcd 是 Kubernetes 部署使用的高可用键值存储，用于持久存储其所有 REST API 对象。这些对象的信息比较敏感，在传输过程中以及在 etcd 集群中的对等点之间交互时应进行加密。

加固详情 确保--peer-cert-file 和--peer-key-file 参数设置合理。

加固步骤 在 etcd 服务节点上执行命令 ps -ef | grep etcd，查看--peer-cert-file 和--peer-key-file 参数，若参数为空或者设置不合理，则编辑 etcd 规范文件 /etc/kubernetes/manifests/etcd.yaml，进行如下设置。

```
--peer-client-file=</path/peer-cert-file>（基于系统上的文件位置）
--peer-key-file=</path/peer-key-file>（基于系统上的文件位置）
```

注意

此配置仅适用于 etcd 集群，不适用于单 etcd 服务器场景。

15.5.5 配置 etcd 的对等身份认证

风险分析 etcd 是 Kubernetes 部署使用的高可用键值存储，用于持久存储其所有 REST API 对象。这些对象的信息比较敏感，只能由 etcd 集群中经过身份认证的 etcd 对等方访问。

加固详情 确保--peer-client-cert-auth 参数设置为 true。

加固步骤 在 etcd 服务节点上执行命令 ps -ef | grep etcd，查看--peer-client-cert-auth 参数，若参数不为 true 或不存在，则编辑 etcd 规范文件/etc/kubernetes/manifests/etcd.yaml 并设置该参数为 true。

15.5.6 禁止 TLS 连接时使用自签名证书

风险分析 etcd 是 Kubernetes 部署使用的高可用键值存储，用于持久存储其所有 REST API 对象。这些对象的信息比较敏感，只能由 etcd 集群中经过身份认证的 etcd 对等方访问。因此，请勿使用自签名证书进行身份认证。

加固详情 确保--peer-auto-tls 参数未设置为 true。

加固步骤 在 etcd 服务节点上执行命令 ps -ef | grep etcd，查看--peer-auto-tls 参数，若参数为 true，则编辑 etcd 规范文件/etc/kubernetes/manifests/etcd.yaml 并删除--peer-auto-tls 参数或将其设置为 false。

15.6 Worker 节点配置文件

本节是对在 Kubernetes 工作节点上运行的组件的安全建议，但这些组件同样可能在主节点上运行命令，因此本节提到的组件评估方法，对主节点和工作节点均适用。

15.6.1 配置 Kubelet 服务文件的属主属组和权限

风险分析 Kubelet 服务文件中的参数，设置了 Kubelet 服务在工作节点中的行为。应合理控制该文件的属主属组和权限，将其配置为仅管理员可以写入，确保文件的完整性。

加固详情 配置 Kubelet 服务文件属主属组为 root:root，权限为 644 或更严格。

加固步骤

（1）在每个工作节点上执行以下命令（基于系统上的 kubelet 服务文件位置）。

```
stat -c %U:%G /etc/systemd/system/kubelet.service.d/10-kubeadm.conf
```

返回结果若不为 root:root，则执行以下命令进行加固。

```
chown root:root /etc/systemd/system/kubelet.service.d/10-kubeadm.conf
```

（2）执行以下命令（基于系统上的 Kubelet 服务文件位置）。

```
stat -c %a /etc/systemd/system/kubelet.service.d/10-kubeadm.conf
```

返回结果若不为 644 或更严格，则执行以下命令进行加固。

```
chmod 644/etc/systemd/system/kubelet.service.d/10-kubeadm.conf
```

15.6.2 配置代理 kubeconfig 文件的属主属组和权限

风险分析 代理 kubeconfig 文件控制工作节点中 kube-proxy 服务的各种参数。应合理控制该文件的属主属组和权限，将其配置为仅管理员可以写入，确保文件的完整性。

加固详情 配置代理 kubeconfig 文件属主属组为 root:root，权限为 644 或更严格。

加固步骤

（1）执行命令 ps -ef | grep kube-proxy 找到 kube-proxy 正在使用的 kubeconfig 文件，如果 kube-proxy 正在运行，则从--kubeconfig 参数获取 kubeconfig 文件路径，如图 15-15 所示。

（2）在每个工作节点上执行以下命令。

```
stat -c %U:%G <proxykubeconfigfile>（获取的 kubeconfig 文件路径）
```

返回文件属主属组若不为 root:root，则执行以下命令进行修改。

```
chown root:root <proxykubeconfigfile>（获取的 kubeconfig 文件路径）
```

（3）在每个工作节点上执行以下命令（基于系统上的文件位置）。

```
stat -c %a <proxykubeconfigfile>（获取的 kubeconfig 文件路径）
```

返回文件权限若不为 644 或更严格，则执行以下命令进行修改。

```
chmod 644 <proxykubeconfigfile>（获取的 kubeconfig 文件路径）
```

```
[root@k8scluster-master-1 ~]# ps -ef | grep kube-proxy
root      9842  9813  0 Mar28 ?        01:42:06 /usr/local/bin/kube-proxy --kubeconfig=/var/lib/kube-proxy/config.conf
cluster-master-1
```

图 15-15 获取 kubeconfig 文件路径

15.6.3 配置 kubelet.conf 文件的属主属组和权限

风险分析 kubelet.conf 文件是节点的 kubeconfig 文件，其参数设置了工作节点的行为和身份认证。应合理控制该文件的属主属组和权限，将其配置为仅管理员可以写入，确保文件的完整性。

加固详情 配置 kubelet.conf 文件属主属组为 root:root，权限为 644 或更严格。

加固步骤

（1）在每个工作节点上执行以下命令（基于系统上的文件位置）。

```
stat -c %U:%G /etc/kubernetes/kubelet.conf（基于系统上的文件位置）
```

返回文件属主属组若不为 root:root，则执行以下命令进行修改。

```
chown root:root /etc/kubernetes/kubelet.conf（基于系统上的文件位置）
```

（2）在每个工作节点上执行以下命令。

```
stat -c %a /etc/kubernetes/kubelet.conf（基于系统上的文件位置）
```

返回文件权限若不为 644 或更严格，则执行以下命令进行修改。

```
chmod 644 /etc/kubernetes/kubelet.conf（基于系统上的文件位置）
```

15.6.4 配置证书颁发机构文件的属主属组和权限

风险分析 证书颁发机构文件用于验证 API 请求的颁发机构。应合理控制该文件的属主属组和权限，将其配置为仅管理员可以写入，确保文件的完整性。

加固详情 配置证书颁发机构文件属主属组为 root:root，权限为 644 或更严格。

加固步骤

（1）执行命令 ps -ef | grep kubelet，查找--client-ca-file 参数指定的证书颁发机构文件路径，如图 15-16 所示，然后执行以下命令查看其属主。

```
stat -c %U:%G <证书颁发机构文件路径>
```

若属主不为 root:root，则执行命令 chown root:root <filename>，修改属主。

（2）执行以下命令查看文件权限。

```
stat -c %a <证书颁发机构文件路径>
```

若权限不为 644 或更严格，则执行命令 chmod 644 <filename>，修改文件权限。

图 15-16 查找证书颁发机构文件路径

15.6.5 配置 Kubelet 配置文件的属主属组和权限

风险分析 Kubelet 从--config 参数指定的配置文件中读取各种参数，包括安全相关设置。

应合理控制该文件的属主属组和权限，将其配置为仅管理员可以写入，确保文件的完整性。

加固详情 配置 Kubelet 配置文件属主属组为 root:root，权限为 644 或更严格。

加固步骤

（1）执行命令 ps -ef | grep kubele | grep config，若存在--config 参数，该参数将给出 Kubelet 配置文件的路径，如图 15-17 所示。

（2）执行以下命令查看文件属主属组。

```
stat -c %U:%G <Kubelet 配置文件路径>
```

若属主属组不为 root:root，则执行命令 chown root:root <Kubelet 配置文件路径>，修改属主属组。

（3）执行以下命令查看文件权限。

```
stat -c %a <Kubelet 配置文件路径>
```

若权限不为 644 或更严格，则执行命令 chmod 644 <Kubelet 配置文件路径>，修改文件权限。

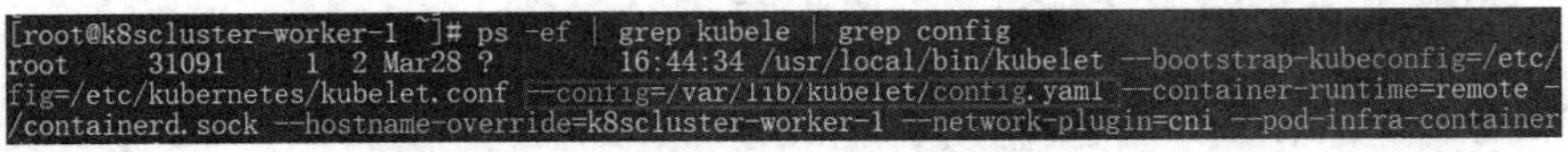

```
[root@k8scluster-worker-1 ~]# ps -ef | grep kubele | grep config
root     31091     1  2 Mar28 ?        16:44:34 /usr/local/bin/kubelet --bootstrap-kubeconfig=/etc/
fig=/etc/kubernetes/kubelet.conf --config=/var/lib/kubelet/config.yaml --container-runtime=remote -
/containerd.sock --hostname-override=k8scluster-worker-1 --network-plugin=cni --pod-infra-container
```

图 15-17 Kubelet 配置文件的路径

15.7 Kubelet 配置

本节包含有关 Kubelet 配置的建议。Kubelet 是运行在每个节点上的主要“节点代理”，错误配置 Kubelet 会面临一系列的安全风险，可以使用运行中的 Kubelet 可执行文件的参数或 Kubelet 配置文件来设置 Kubelet 配置。如果两者都设置，则以正在运行中的 Kubelet 可执行文件的参数优先。执行命令 ps -ef | grep kubelet | grep config，如果存在--config 参数，则该参数的值为 Kubelet 配置文件所在的位置。

15.7.1 禁止匿名请求 Kubelet 服务器

风险分析 应使用身份认证来授权访问，禁止匿名请求 Kubelet 服务器。

加固详情 确保--anonymous-auth 参数设置为 false。

加固步骤

（1）在每个节点上执行命令 ps -ef | grep kubelet，查看--anonymous-auth 参数，若该参数的值为 false 则满足要求，不为 false 则进行下一步操作。

（2）如果使用 Kubelet 配置文件，则编辑该文件，将“authentication: anonymous: enabled”设置为“false”，如图 15-18 所示。

（3）如果使用可执行文件的参数，则编辑 Kubelet 服务文件（基于系统上的文件位置）/etc/systemd/system/kubelet.service.d/10-kubeadm.conf 并在 KUBELET_SYSTEM_PODS_ARGS 变量中设置--anonymous-auth=false，然后执行以下命令重启 Kubelet 服务。

```
systemctl daemon-reload, systemctl restart kubelet.service
```

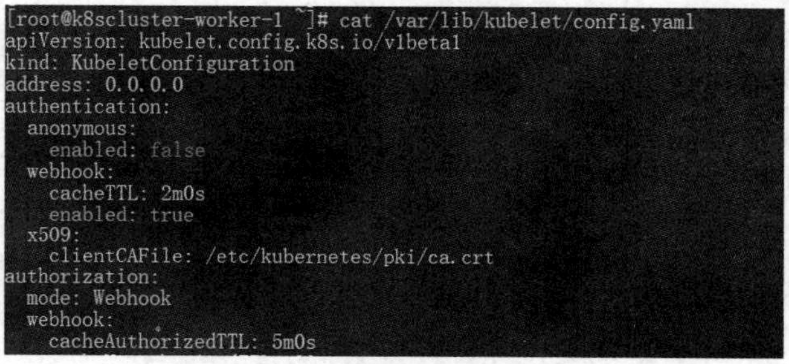

```
[root@k8scluster-worker-1 ~]# cat /var/lib/kubelet/config.yaml
apiVersion: kubelet.config.k8s.io/v1beta1
kind: KubeletConfiguration
address: 0.0.0.0
authentication:
  anonymous:
    enabled: false
  webhook:
    cacheTTL: 2m0s
    enabled: true
  x509:
    clientCAFile: /etc/kubernetes/pki/ca.crt
authorization:
  mode: Webhook
  webhook:
    cacheAuthorizedTTL: 5m0s
```

图 15-18 Kubelet 配置文件参数设置

15.7.2 启用显式授权

风险分析 默认情况下，Kubelet 允许所有经过身份认证的请求（甚至是匿名请求），而无须接受来自 apiserver 的显式授权检查。因此，为保证安全应设置只允许明确授权的请求。

加固详情 确保--authorization-mode 参数不为 AlwaysAllow。

加固步骤

（1）在每个节点上执行命令 ps -ef | grep kubelet，查看--authorization-mode 参数，如果该参数存在且未被设置为 AlwaysAllow 则满足要求，否则进行下一步操作。

（2）如果使用 Kubelet 配置文件，则编辑该文件，将“authorization: mode”设置为“Webhook”，如图 15-18 所示。

（3）如果使用可执行文件的参数，则编辑 kubelet 服务文件（基于系统上的文件位置）/etc/systemd/system/kubelet.service.d/10-kubeadm.conf 并在 KUBELET_AUTHZ_ARGS 变量中设置--authorization-mode=Webhook，然后执行命令 systemctl daemon-reload 和 systemctl restart kubelet.service，重启 Kubelet 服务。

15.7.3 启用 Kubelet 证书身份认证

风险分析 默认情况下，apiserver 不验证 Kubelet 的服务证书，存在中间人攻击风险，且在公共网络或其他不受信任的网络上运行是不安全的。启用 Kubelet 证书身份认证可确保

apiserver 在提交请求之前对 Kubelet 进行身份认证。

加固详情 合理设置--client-ca-file 参数。

加固步骤

（1）在每个节点上执行命令 ps -ef | grep kubelet，查看--client-ca-file 参数，若该参数存在且被设置为合理的客户端证书文件则满足要求，否则进行下一步操作。

（2）如果使用 Kubelet 配置文件，则编辑该文件，将“authentication:x509:clientCAFile”设置为客户端证书文件的位置，如图 15-18 所示。

（3）如果使用可执行文件的参数，则在每个工作节点上编辑 Kubelet 服务文件（基于系统上的文件位置）/etc/systemd/system/kubelet.service.d/10-kubeadm.conf 并在 KUBELET_AUTHZ_ARGS 变量中设置--client-ca-file=<path/to/client-ca-file>，然后执行命令 systemctl daemon-reload 和 systemctl restart kubelet.service，重启 Kubelet 服务。

15.7.4 禁用只读端口

风险分析 Kubelet 进程除了提供主要的 Kubelet API 之外，还提供了一个只读 API。向这个只读 API 提供未经身份认证的访问，可能会检索集群潜在的敏感信息。

加固详情 确保--read-only-port 参数设置为“0”。

加固步骤

（1）在每个节点上执行命令 ps -ef | grep kubelet，查看--read-only-port 参数，若该参数存在且为“0”则满足要求，否则进行下一步操作。

（2）如果使用 Kubelet 配置文件，则编辑该文件，将“readOnlyPort”参数设置为“0”，如图 15-19 所示。

（3）如果使用可执行文件的参数，则编辑 Kubelet 服务文件（基于系统上的文件位置）/etc/systemd/system/kubelet.service.d/10-kubeadm.conf 并在 KUBELET_SYSTEM_PODS_ARGS 变量中设置--read-only-port=0，然后执行命令 systemctl daemon-reload 和 systemctl restart kubelet.service，重启 Kubelet 服务。

```
[root@k8scluster-worker-1 ~]# cat /var/lib/kubelet/config.yaml|grep -C3 read
podPidsLimit: -1
port: 10250
protectKernelDefaults: true
readOnlyPort: 0
registryBurst: 10
registryPullQPS: 5
resolvConf: /etc/resolv.conf
```

图 15-19 Kubelet 配置文件参数设置

15.7.5 合理设置默认内核参数值

风险分析 系统投入生产之前，系统管理员通常会调整内核参数，从而保护内核和系统。

应适当设置依赖于此类参数的 Kubelet 内核默认值，以匹配所需的安全系统状态。忽略这一点可能会导致运行具有不良内核行为的 Pod。

加固详情 确保--protect-kernel-defaults 参数设置为 true。

加固步骤

（1）在每个节点上执行命令 ps -ef | grep kubelet，查看--protect-kernel-defaults 参数，若该参数存在且设置为 true 则满足要求，否则进行下一步操作。

（2）如果使用 Kubelet 配置文件，则编辑该文件将“protectKernelDefaults”参数设置为“true”，如图 15-19 所示。

（3）如果使用可执行文件的参数，则编辑节点上的 Kubelet 服务文件（基于系统上的文件位置）/etc/systemd/system/kubelet.service.d/10-kubeadm.conf 并在 KUBELET_SYSTEM_PODS_ARGS 变量中设置--protect-kernel-defaults=true，然后执行命令 systemctl daemon-reload 和 systemctl restart kubelet.service，重启 Kubelet 服务。

15.7.6 允许 Kubelet 管理 iptables

风险分析 允许 Kubelets 管理 iptables，可以确保 iptables 配置与 pods 网络配置保持同步。

加固详情 确保--make-iptables-util-chains 参数设置为 true。

加固步骤

（1）在每个节点上执行命令 ps -ef | grep kubelet，查看--make-iptables-util-chains 参数，若该参数存在且设置为 true 则满足要求，否则进行下一步操作。

（2）如果使用 Kubelet 配置文件，则编辑该文件将“makeIPTablesUtilChains”参数设置为“true”，如图 15-20 所示。

（3）如果使用可执行文件的参数，则编辑节点上的 Kubelet 服务文件（基于系统上的文件位置）/etc/systemd/system/kubelet.service.d/10-kubeadm.conf 并从 KUBELET_SYSTEM_PODS_ARGS 变量中删除--make-iptables-util-chains 参数，然后执行命令 systemctl daemon-reload 和 systemctl restart kubelet.service，重启 Kubelet 服务。

```
[root@k8scluster-worker-1 ~]# cat /var/lib/kubelet/config.yaml|grep -C3 Chains
iptablesMasqueradeBit: 14
kubeAPIBurst: 10
kubeAPIQPS: 5
makeIPTablesUtilChains: true
maxOpenFiles: 1000000
maxPods: 110
nodeLeaseDurationSeconds: 40
```

图 15-20 makeIPTablesUtilChains 参数设置

15.7.7 不要覆盖节点主机名

风险分析 覆盖节点主机名可能会破坏 Kubelet 和 apiserver 之间的 TLS 设置。此外，由于节点主机名被覆盖，日志审计也非常困难。因此，应使用可解析的 FQDN（Fully Qualified Domain Name，全限定域名）设置 Kubelet 节点，并避免使用 IP 地址覆盖节点主机名。

加固详情 确保未设置--hostname-override 参数。

加固步骤 在每个节点上执行命令 ps -ef | grep kubelet，查看--hostname-override 参数，若该参数不存在则满足要求，否则编辑节点上的 Kubelet 服务文件（基于系统上的文件位置）/etc/systemd/system/kubelet.service.d/10-kubeadm.conf 并从 KUBELET_SYSTEM_PODS_ARGS 变量中删除--hostname-override 参数，然后执行命令 systemctl daemon-reload 和 systemctl restart kubelet.service，重启 Kubelet 服务。

15.7.8 在 Kubelet 上设置 TLS 连接

风险分析 Kubelet 通信包含传输过程中应保持加密的敏感参数，所以为了保证安全应配置 Kubelet 仅提供 HTTPS 流量。

加固详情 确保合理设置--tls-cert-file 和--tls-private-key-file 参数。

加固步骤

（1）在每个节点上执行命令 ps -ef | grep kubelet，查看--tls-cert-file 和--tls-private-key-file 参数。如果这些参数存在且设置为相应的证书私钥文件则满足要求，否则进行下一步操作。

（2）如果使用 Kubelet 配置文件，则编辑该文件将“tlsCertFile”参数设置为证书文件的位置，将“tlsPrivateKeyFile”参数设置为相应私钥文件的位置，如图 15-21 所示。

（3）如果使用可执行文件的参数，则在每个工作节点上编辑 kubelet 服务文件（基于系统上的文件位置）/etc/systemd/system/kubelet.service.d/10-kubeadm.conf 并在 KUBELET_CERTIFICATE_ARGS 变量中设置--tls-cert-file=<path/to/tls-certificate-file>、--tls-private-keyfile=<path/to/tls-key-file>，然后执行命令 systemctl daemon-reload 和 systemctl restart kubelet.service，重启 Kubelet 服务。

```
[root@k8scluster-worker-1 ~]# cat /var/lib/kubelet/config.yaml|grep -C3 tls
staticPodPath: /etc/kubernetes/manifests
streamingConnectionIdleTimeout: 4h0m0s
syncFrequency: 1m0s
tlsCertFile: /var/lib/kubelet/pki/kubelet.crt
tlsPrivateKeyFile: /var/lib/kubelet/pki/kubelet.key
volumeStatsAggPeriod: 1m0s
```

图 15-21 Kubelet 配置文件参数设置

15.7.9 启用 Kubelet 客户端证书轮换

风险分析 使用--rotate-certificates 参数会使 Kubelet 在其现有凭证过期时通过创建新的 CSR（Certificate Signing Request，证书签名请求）来轮换其客户端证书。这种自动定期轮换可确保不会因证书过期而停机。注意：此建议仅适用于 Kubelet 从 API 服务器获取其证书的情况，且还需要启用 RotateKubeletClientCertificate 功能（Kubernetes v1.7 以上版本支持）。

加固详情 确保--rotate-certificates 参数不存在或被设置为 true，RotateKubeletServerCertificate 参数设置为 true。

加固步骤

（1）在节点上执行命令 ps -ef | grep kubelet，查看--rotate-certificates 参数，如果--rotate-certificates 参数不存在或值为 true 则满足要求，否则进行下一步操作。

（2）如果使用 Kubelet 配置文件，则编辑该文件添加 rotatecertifates: true 或将其全部删除以使用默认值。

（3）如果使用可执行文件的参数，则编辑每个工作节点上的 Kubelet 服务文件（基于系统上的文件位置）/etc/systemd/system/kubelet.service.d/10-kubeadm.conf 并从 KUBELET_CERTIFICATE_ARGS 中删除--rotate-certificates=false，然后执行命令 systemctl daemon-reload 和 systemctl restart kubelet.service，重启 kubelet 服务。

15.7.10 启用 Kubelet 服务端证书轮换

风险分析 RotateKubeletServerCertificate 参数可使 Kubelet 在引导其客户端凭证后请求服务证书，并在现有凭证过期时轮换证书。这种自动定期轮换确保了不会因为证书过期而停机，从而解决了 CIA（Confidentiality 机密性/Integrity 完整性/Availability 可用性）安全三合一的可用性问题。注意：此建议仅适用于让 Kubelet 从 API 服务器获取证书的情况。如果 Kubelet 证书来自外部权威/工具（例如 Vault），那么需要使用者自己负责轮换该证书。

加固详情 确保 RotateKubeletServerCertificate 参数存在且值为 true。

加固步骤

（1）在节点上执行命令 ps -ef | grep kubelet，查看 RotateKubeletServerCertificate 参数，若该参数存在且值为 true 则满足要求，否则进行下一步操作。

（2）编辑 Kubelet 服务文件（基于系统上的文件位置）/etc/systemd/system/kubelet.service.d/10-kubeadm.conf 并在 KUBELET_CERTIFICATE_ARGS 变量中设置--feature-gates=RotateKubeletServerCertificate=true，然后执行命令 systemctl daemon-reload 和 systemctl restart kubelet.service，重启 kubelet 服务。

15.8 Kubernetes 策略

本节包含对环境安全非常重要的各种 Kubernetes 策略的建议。

15.8.1 禁止 hostPID 设置为 true

风险分析 在主机 PID 命名空间中运行的容器可以检查容器外部运行的进程。若容器也具有访问 ptrace 功能的权限，则可以借此来获取容器外部的特权。因此，至少需要定义一个不允许容器共享主机 PID 命名空间的 PodSecurityPolicy（Pod 安全策略，PSP）。

加固详情　禁止容器在 hostPID 标志设置为 true 的情况下运行。

加固步骤

（1）执行命令 kubectl get psp 获取 PSP。

（2）对于每个 PSP，执行以下命令，检查是否启用了特权，确认至少有一个 PSP 不返回 true。

```
kubectl get psp -o=jsonpath='{.spec.hostPID}'
```

若所有 PSP 都返回 true，则新创建一个 PSP，确保.spec.hostPID 字段被省略或设置为 false。

15.8.2　禁止 hostIPC 设置为 true

风险分析　在主机 IPC 命名空间中运行的容器可以使用 IPC 与容器外部的进程交互。因此至少需要定义一个 PSP，不允许容器共享主机 IPC 命名空间。

加固详情　禁止容器在 hostIPC 标志设置为 true 的情况下运行。

加固步骤

（1）执行命令 kubectl get psp 获取 PSP。

（2）对于每个 PSP，执行以下命令，检查是否启用了特权，确认至少有一个 PSP 不返回 true。

```
kubectl get psp -o=jsonpath='{.spec.hostIPC}'
```

若所有 PSP 都返回 true，则新创建一个 PSP，确保.spec.hostIPC 字段被省略或设置为 false。

15.8.3　禁止 hostNetwork 设置为 true

风险分析　在主机网络命名空间中运行的容器可以访问本地环回设备，也可以访问与其他 Pod 之间的网络流量。因此，至少需要定义一个不允许容器共享主机网络命名空间的 PSP。

加固详情　禁止容器在 hostNetwork 标志设置为 true 的情况下运行。

加固步骤

（1）执行命令 kubectl get psp 获取 PSP。

（2）对于每个 PSP，执行以下命令，检查是否启用了特权，确认至少有一个 PSP 不返回 true。

```
kubectl get psp -o=jsonpath='{.spec.hostNetwork}'
```

若所有 PSP 都返回 true，则新创建一个 PSP，确保.spec.hostNetwork 字段被省略或设置为 false。

15.8.4 禁止 allowPrivilegeEscalation 设置为 true

风险分析 当 allowPrivilegeEscalation 标志设置为 true 时，运行的容器将拥有比其父进程更多特权的进程。因此至少需要定义一个不允许容器提升特权的 PSP，存在允许运行 setuid 二进制文件的选项（默认为 true）。若需要运行使用 setuid 二进制文件或需要提升权限的容器，则需要在单独的 PSP 中定义这一点，并且仔细检查 RBAC 控件，以确保只有有限的服务账号和用户被允许访问该 PSP。

加固详情 禁止容器在 allowPrivilegeEscalation 标志设置为 true 的情况下运行。

加固步骤

（1）执行命令 kubectl get psp 获取 PSP。

（2）对于每个 PSP，执行以下命令，检查是否启用了特权，确认至少有一个 PSP 不返回 true。

```
kubectl get psp -o=jsonpath='{.spec.allowPrivilegeEscalation}'
```

若所有 PSP 都返回 true，则新创建一个 PSP，确保.spec.allowPrivilegeEscalation 字段被省略或设置为 false。

15.8.5 禁止以 root 用户运行容器

风险分析 理想情况下，所有容器都应该以定义的 UID 不为 0 的用户运行。那么至少应该定义一个不允许在容器中使用 root 用户的 PSP。如果需要以 root 用户运行容器，那么应该在单独的 PSP 中定义，并且应该仔细检查 RBAC 控件，以确保只有有限的服务账号和用户获得访问 PSP 的许可。

加固详情 禁止以 root 用户运行容器。

加固步骤

（1）执行命令 kubectl get psp 获取 PSP。

（2）对于每个 PSP，执行以下命令，检查容器是否启用了 root 用户，确认至少有一个 PSP 返回 MustRunAsNonRoot 或 MustRunAs，且其 UID 范围不包括 0。

```
kubectl get psp -o=jsonpath='{.spec.runAsUser.rule}'
```

若不满足则新创建一个 PSP，确保.spec.runAsUser.rule 设置为 MustRunAsNonRoot 或 MustRunAs，且 UID 范围不包括 0。

15.8.6 确保所有命名空间都定义网络策略

风险分析 同一个 Kubernetes 集群可能运行不同的应用程序，若其中一个应用程序被破坏，则相邻应用程序也存在被破坏的可能性。网络策略是一种规范，它定义了所选的 Pod 与其他网络端点之间如何进行通信，可以确保容器只与它们应该通信的对象进行通信。

网络策略的作用域是命名空间。当一个网络策略被引入一个给定的命名空间时，该策略不允许的流量都将被拒绝。但是，如果命名空间中没有网络策略，那么所有的流量都被允许进出该命名空间中的 Pods。

加固详情 确保所有命名空间都定义网络策略。

加固步骤 执行以下命令，检查在集群中创建的网络策略，确保集群中定义的每个命名空间至少有一个网络策略。

```
kubectl --all-namespaces get networkpolicy
```

保障 Kubernetes 集群的安全是一个持久的挑战，需要考虑多个要素。本章深入探讨了保障 Kubernetes 集群安全的 3 个关键要素，包括身份认证、网络隔离和访问控制。针对每个要素，提出了最佳实践，以帮助企业实现最佳的安全实践。在实践中，操作人员应该定期审查和更新安全配置，加强监控和审计，及时发现和响应安全事件。只有这样，才能确保 Kubernetes 集群的安全性和可靠性，从而保护业务运行。

保障 Kubernetes 集群的安全是复杂的，我们需要灵活运用多种策略来确保需要保障的 Kubernetes 环境的安全性。要达到这一目标似乎令人望而生畏，但是只要遵循最佳实践，做好安全加固，就可以使容器与环境达到相同的高级别保护。

结语

随着数字化系统与应用技术不断发展，网络安全问题越来越受到人们的关注。数字化系统一旦遭受破坏，用户及单位将遭受重大的损失，对数字化系统进行有效的安全保护，是人们必须面对和解决的迫切课题。操作系统、数据库、中间件、容器在数字化系统的整体安全中至关重要，其安全加固和优化服务是实现数字化系统安全的关键环节。

读到这里，相信读者对数字化系统配置引入的安全风险及安全加固方案已经有了较深的认识。安全加固就像是对一堵存在各种裂缝的城墙进行加固，堵上这些裂缝，使城墙固若金汤。实施安全加固可以消除数字化系统上存在的已知漏洞，提升关键系统重点保护对象的安全等级。

数字化系统中的各种操作系统、数据库、中间件、容器，可能存在大量的安全漏洞，比如安装、配置不符合安全需求，参数配置错误，使用、维护不符合安全要求，被注入木马程序，安全漏洞没有及时修补，开放不必要的端口和服务，等等，这些漏洞会成为各种网络安全问题的隐患。一旦安全漏洞被有意或无意地利用，会对数字化系统的运行造成不利影响，如数字化系统被攻击或控制、重要资料被窃取、用户数据被篡改、隐私信息被泄露，甚至还可能带来经济损失。本书的安全加固方案可以协助读者消除这些安全漏洞，降低安全漏洞给数字化系统带来的安全风险，最大程度保障系统持续、安全、稳定运行。

网络攻击者通过篡改网站信息，仿冒大型电子商务网站、大型金融机构网站、第三方在线支付站点，以及利用网站漏洞挂载恶意代码等手段，不仅可以窃取用户私密信息，造成用户直接经济损失，更为危险的是可以据此构建大规模的僵尸网络，用来发送巨量垃圾邮件或发动其他更危险的网络攻击。通过对操作系统、数据库、中间件、容器等进行安全加固、漏洞修复，可以加强数字化系统的安全性、健壮性，增加攻击入侵的难度，大幅度提升数字化系统的安全防范水平。

但是，数字化系统安全加固是一项纷繁复杂的工作，不但需要解决系统存在的安全问题，更要针对每种安全问题的多种安全加固方案权衡利弊，保证业务系统的正常和稳定。此外，虽然本书提供非常多的选项来增强数字化系统的安全性，但是在实际配置过程中安全、性能、可靠性可能存在冲突，这时需要对其进行充分评估才能给出“放之四海而皆准”的解决方案，所以需要对这些选项非常熟悉，了解它们是如何增强应用程序安全性的，才能做出准确选择，使系统更加稳定、安全。

当然，安全加固操作是有一定风险的，这些风险包括停机、应用程序不能正常使用等，最严重的情况是系统被破坏而无法使用。这些风险可能是由于对系统运行状况调查不清而导致的，也可能是由于实施过程中的误操作而引起的，所以实际操作过程中务必小心谨慎。

安全形势一直在变化，并且以惊人的速度发展，攻击者的攻击手段也越来越多样化，各种新的攻击手段层出不穷，且无孔不入。安全加固充分考虑了攻击者为闯入系统而可能觊觎的众多漏洞和入口点。虽然“力求创新、下定决心”的攻击者会寻找任何机会来突破数字化系统的安全防线以达到其目的，但安全加固会尽可能缩小其攻击面，并给攻击者的行动加大难度。需要注意的是，由于各系统的应用场景不同，读者在使用本书中的加固选项时，应进行充分的网络安全评估；并且，即使采用了加固选项，系统底层一些固有的漏洞和风险依然存在，并不能保障系统环境以及其上运行的应用程序免受最新威胁的攻击，因此要对实时运行的内容进行检查以查看异常和违规迹象。

希望本书能够真正帮助读者对客户授权指定的资产进行安全加固，增强数字化系统的抗攻击能力，有效降低系统总体安全风险，提升系统安全防范水平，协助企业建立起适应性更强的安全保障基线，有效构建数字化系统的安全堤坝。

最后，真诚感谢读者对本书的支持，欢迎读者将阅读和使用本书过程中的意见和建议反馈给笔者，笔者会对内容不断改进和完善，让更多的读者和企业从中受益。